Mathematik 7
Denken und Rechnen
Hauptschule

Herausgegeben von
Jürgen Golenia und
Kurt Neubert

Autoren:

Jürgen Golenia
Gabriele Hierl
Walter Modschiedler
Kurt Neubert
Elisabeth Wiesener

© 2001 Bildungshaus Schulbuchverlage
Westermann Schroedel Diesterweg Schöningh Winklers GmbH, Braunschweig
www.westermann.de

Das Werk und seine Teile sind urheberrechtlich geschützt. Jede Nutzung in anderen als den gesetzlich zugelassenen Fällen bedarf der vorherigen schriftlichen Einwilligung des Verlages.
Hinweis zu § 52 a UrhG: Weder das Werk noch seine Teile dürfen ohne eine solche Einwilligung gescannt und in ein Netzwerk gestellt werden. Dies gilt auch für das Intranet von Schulen und sonstigen Bildungseinrichtungen.

Druck A[6] / Jahr 2005
Alle Drucke der Serie A sind im Unterricht parallel verwendbar.

Verlagslektorat: Gerhard Strümpler, Corinna Buck
Typografie und Lay-out: Andrea Heissenberg
Herstellung: Reinhard Hörner

Druck und Bindung: westermann druck GmbH, Braunschweig

ISBN 3-14-**12 5037**-5

7/3 Annika Gehrke

Inhaltsverzeichnis

1 Der Taschenrechner
- Rechenmaschinen – früher und heute 7
- Übungszirkel: Taschenrechner 8
- Steckbrief meines Taschenrechners 10
- Preisvergleiche 12
- Spiele mit dem Taschenrechner 13

2 Brüche
- Übungszirkel: Brüche 14
- Bruchteile herstellen 16
- Bruchteile berechnen 17
- Andere Schreibweisen für Brüche 18
- Brüche erweitern und kürzen 19
- Brüche vergleichen 20
- Brüche addieren und subtrahieren 21
- Brüche vervielfältigen und teilen 22
- Brüche multiplizieren 23
- Brüche dividieren 25
- Sachsituationen 27
- Bruchterme berechnen 28
- Bist du fit? 29

3 Dezimalbrüche
- Übungszirkel: Dezimalbrüche 30
- Brüche und Dezimalbrüche 32
- Dezimalbrüche erweitern und kürzen 34
- Dezimalbrüche addieren und subtrahieren 35
- Dezimalbrüche multiplizieren 37
- Dezimalbrüche dividieren 39
- Dezimalbrüche runden 41
- Näherungswerte 42

4 Geometrische Formen
- Auf der Baustelle 43
- Übungszirkel: Muster und Rätsel 44
- Kreise 46
- Strecke halbieren 47
- Mittelsenkrechte konstruieren 48
- Senkrechte zeichnen und konstruieren 49
- Parallele zeichnen 50
- Winkel 51
- Winkelhalbierende konstruieren 53
- Winkelbeziehungen 54
- Dreiecke 55
- Winkelsumme im Dreieck 56
- Gleichschenkliges Dreieck 57
- Gleichseitiges Dreieck 58
- Vierecke 59
- Eigenschaften von Vierecken 61
- Winkelsumme im Viereck 62
- Wir bauen einen Drachen 63
- Übungszirkel: Geometrische Formen 64

Inhaltsverzeichnis

5 Zuordnungen
- Zuordnungen in der Technik 66
- Zuordnungen: Kleinkind 67
- Zuordnungen: Wetter beobachten 68
- Proportionale Zuordnungen: Schulfest 70
- Dreisatz 72
- Rechenvorteile 73
- Umgekehrt proportionale Zuordnungen 74
- Bist du fit? 76

6 Flächeninhalt und Umfang
- Plan eines Grundstücks 77
- Flächenvergleich 78
- Mit Flächeneinheiten rechnen 80
- Flächeninhalt und Umfang von Rechteck und Quadrat 81
- Zusammengesetzte Flächen 82
- Parallelogramme berechnen 83
- Dreiecke berechnen 85
- Trapeze berechnen 87
- Bis du fit? 88

7 Prozentrechnung
- Prozentangaben im Alltag 89
- Absoluter und relativer Vergleich 90
- Prozentbegriff 92
- Prozentbegriff: Bruch, Dezimalbruch, Prozent 93
- Prozentbegriff: Grundwert – Prozentwert – Prozentsatz 95
- Prozentwert berechnen 96
- Grundwert berechnen 98
- Prozentsatz berechnen 100
- Prozentrechnen 101
- Prozentsätze darstellen: Rechteckdiagramm 103
- Prozentsätze darstellen: Kreisdiagramm 104
- Rabatt und Skonto 105
- Bist du fit? 106

8 Ganze Zahlen
- Aufzeichnungen und Skalierungen 107
- Positive und negative Zahlen 108
- Temperaturänderungen 110
- Kontoänderungen 111
- Die ganzen Zahlen 113
- Bist du fit? 114

9 Rauminhalt und Oberfläche
- Baustoffe 115
- Übungszirkel: Raumanschauung 116
- Übungszirkel: Soma-Würfel 117
- Mit Raumeinheiten rechnen 118
- Rauminhalt von Quader und Würfel 120
- Oberfläche von Quader und Würfel 123
- Bist du fit? 124

Inhaltsverzeichnis

10 Terme und Gleichungen
Terme und Gleichungen im Alltag 125
Terme mit Platzhaltern aufstellen und berechnen 126
Terme vereinfachen 127
Klammern auflösen 128
Gleichungen mit der Umkehraufgabe lösen 129
Gleichungen durch Umformen lösen 130
Gleichungen aufstellen und lösen 134
Bist du fit? 136

11 Sachrechnen
Partyeinkauf 137
Handwerker im Haus 138
Wohnungsrenovierung 139
Klassenfahrt nach Überlingen 141

12 Prüfe dein Wissen
Rechnen mit Brüchen 143
Rechnen mit Dezimalbrüchen 144
Rechnen mit Größen 145
Zuordnungen 149
Prozentrechnung 150
Umfang und Flächeninhalt 151
Volumen und Oberfläche 152
Ganze Zahlen 153
Terme und Gleichungen 154
Lösungen zu Kapitel 12 155
Lösungen zu den Übungszirkeln 158
Das solltest du wissen 162

Register 166

Bildquellennachweis 167

---

3 rote Nummer: Übungen auf gehobenem Niveau

4 Aufgaben mit Lösungszahlen zur Selbstkontrolle

● Aufmacherseite: Einstieg in das Thema

● Übungszirkel: Anregungen zur Freiarbeit

 Aufgaben zum Tüfteln

So arbeiten wir im Übungszirkel
- Der Übungszirkel besteht aus mehreren Stationen.
- Du findest die Stationen an Tischen im Klassenzimmer.
- Du arbeitest allein, mit deinem Partner oder in der Gruppe. Das sagt dir der Arbeitsauftrag.
- Die Reihenfolge der Stationen legst du selbst fest. Einige dich darüber mit deinen Mitschülern.
- Kontrolliere die Lösungen selbst mit dem Lösungsblatt.
- Notiere auf dem „Laufzettel" oder „Lernpass", welche Stationen du erledigt hast.

Mathematische Zeichen und Gesetze

Beziehungen zwischen Zahlen

		$a > b$	a größer als b
$a = b$	a gleich b	$a \geq b$	a größer oder gleich b
$a \neq b$	a ungleich b	$a < b$	a kleiner als b
$a \approx b$	a ungefähr gleich b	$a \leq b$	a kleiner oder gleich b

Verknüpfungen von Zahlen

$a + b$	Summe (*lies:* a plus b)	$a \cdot b$	Produkt (*lies:* a mal b)
$a - b$	Differenz (*lies:* a minus b)	$a : b$	Quotient (*lies:* a geteilt durch b)

Rechengesetze

Vertauschungsgesetz (Kommutativgesetz)
$a + b = b + a$ $\qquad a \cdot b = b \cdot a$
$3 + 7 = 7 + 3$ $\qquad 3 \cdot 7 = 7 \cdot 3$

Verbindungsgesetz (Assoziativgesetz)
$a + (b + c) = (a + b) + c$ $\qquad a \cdot (b \cdot c) = (a \cdot b) \cdot c$
$3 + (7 + 5) = (3 + 7) + 5$ $\qquad 3 \cdot (7 \cdot 5) = (3 \cdot 7) \cdot 5$

Verteilungsgesetz (Distributivgesetz)
$a \cdot (b + c) = a \cdot b + a \cdot c$ $\qquad a \cdot (b - c) = a \cdot b - a \cdot c$
$6 \cdot (8 + 5) = 6 \cdot 8 + 6 \cdot 5$ $\qquad 6 \cdot (8 - 5) = 6 \cdot 8 - 6 \cdot 5$

Geometrie

A, B, C, …	Punkte
P (3|5)	Punkte im Achsenkreuz mit den Koordinaten 3 (Rechtswert) und 5 (Hochwert)
P (x|y)	Koordinaten eines Punktes im Koordinatensystem
AB	Gerade durch A und B
[AB	Halbgerade von A aus durch B
[AB]	Strecke von A nach B
$\overline{AB}$	Länge der Strecke AB
g, h, k, …	Geraden
g ∥ h	g ist parallel zu h
g ⊥ h	g ist senkrecht zu h
∢ (ASB)	Winkel
α, β, γ, δ …	Winkelmaß

1 Der Taschenrechner

1100 v. Chr. erfinden die Chinesen das Rechenbrett, dessen Prinzip von den Römern als Abakus verwendet wird.

Beschwert sich die Frau zu Recht?

1 Denar sind 4 Sesterz
1 Sesterz sind $2\frac{1}{2}$ As

1617 erfindet der schottische Lord John Napier die Rechenstäbchen. Der daraus entwickelte Rechenschieber bleibt bis zur Erfindung des Taschenrechners das nützlichste Rechengerät.

1774 entwickelt der württembergische Pfarrer Philipp Matthäus Hahn eine mechanische 12stellige Rechenmaschine, die auch in der Werkstatt seines Schwagers in Ansbach in Serie gebaut wird.

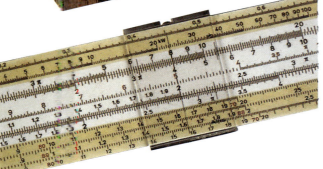

Der Rechenschieber besteht aus Skalen, die gegeneinander verschiebbar sind.

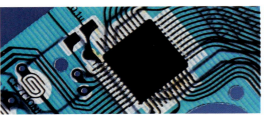

Die Erfindung des Transistors (1945) und die Entwicklung integrierter Schaltungen (1959) führen zum Durchbruch der Mikroelektronik. Der Chip eines Taschenrechners misst ungefähr 25 mm^2, arbeitet 500-mal schneller und 10 000-mal zuverlässiger als der erste Großcomputer ENIAC im Jahre 1945.

Übungszirkel: Taschenrechner

Station 1

Steckbrief meines Taschenrechners
- -stellige Anzeige
- Einschalten
- Löschtaste
- Kommataste
- Ergebnistaste
- Speichertaste
- —

Es gibt viele Typen von Taschenrechnern. Am besten erforscht du deinen Taschenrechner durch Ausprobieren. Schreibe die wichtigsten Eigenschaften und Tasten deines Taschenrechners auf eine Karteikarte (DIN A 5). Bewahre die Karteikarte gut auf. Du brauchst sie auch in den folgenden Kapiteln, wenn du neue Arbeitsweisen kennen lernst.

Station 7

Dominik kauft ein. Seine Mutter gibt ihm einen 20-EUR-Schein mit. Wie viel Geld erhält er zurück?

6 Becher Joghurt
3 × Milch
400 g Emmentaler
2 × Frischkäse

Milch 3,5 %
1 Liter Flasche **0,99 €**

Frischkäse
50 % Fett. i. Tr. versch. Sorten
200 g Packung je **1,59 €**

Joghurt 3,5 %
versch. Sorten
150 g Becher je **0,39 €**

Allgäuer Emmentaler
40 % Fett i. Tr.
100 g **0,89 €**

Station 6

Ich muss heute mindestens 6 kg schleppen.

Atlas: 1,289 kg
Physik-Chemie-Biologie-Buch: 0,635 kg
Schultasche: 1,345 kg
Mathebuch: 0,372 kg
Ringbuch: 0,459 kg
Sprachbuch: 298 g
Lesebuch: 813 g
Malkasten: 437 g
8 Hefte zu je: 65 g
Federmappe: 361 g
Englischbuch: 329 g

a) Hat Anja Recht?
b) Wie schwer ist deine gepackte Schultasche?

Station 5

Hoffentlich bekomme ich noch eine 3! Ich habe 3, 5, 3, 2, 4, 5 geschrieben.

Eine 3 im Zeugnis würde ich auch gerne haben. Ich habe 2, 3, 6, 3, 4 geschrieben. Die letzte Arbeit muss ich noch nachholen.

Station 2

Familie Grimm verbringt ihren Urlaub in der Schweiz.
a) Wie viel muss Familie Grimm in der italienischen Pizzeria bezahlen?
b) Du hast 20 Euro zur Verfügung. Stelle ein Menü zusammen.

Station 3   Stimmen die Ausdrucke des Wiegeautomaten?

BIRNEN		ÄPFEL		APRIKOSEN		WEINTRAUBEN	
€/kg	Gewicht	€/kg	Gewicht	€/kg	Gewicht	€/kg	Gewicht
1,59	0,467 kg	1,99	1,762 kg	2,79	0,132 kg	2,99	0,614 kg
Preis	0,74 €	Preis	3,51 €	Preis	0,37 €	Preis	1,84 €

Station 4   Lieber Grinsi!

Wenn du 35 · 200 + 7 · 50 + 3 nicht im Kopf rechnen kannst, dann benutze deinen Taschenrechner. Wenn du das Ergebnis hast, stellst du den Taschenrechner auf den Kopf. In der Anzeige steht dann, was du bist!

1. Gib die Zahlen ein. Welche Wörter kannst du bei folgenden Zahlen lesen?
   505   8739   91 730   3704   35 137   39 139   315   1378   38 317   31 717

2. Berechne und stelle danach den Taschenrechner auf den Kopf.
   15 721 · 24   93 768 432 : 24   48 06 320 : 6584
   12 345 678 − 12 34 567   9 876 543 − 682 729
   234 + 4567 + 78 901 + 234 567 + 421 046

Steckbrief meines Taschenrechners

1 Es gibt verschiedene Taschenrechner. Die Anordnung und die Bezeichnungen der Tasten sind nicht einheitlich. Pobiere aus, wie dein Taaschenrechner funktioniert.

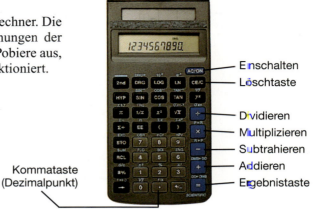

Kommataste (Dezimalpunkt)

Einschalten
Löschtaste
Dividieren
Multiplizieren
Subtrahieren
Addieren
Ergebnistaste

1. Beginne eine neue Rechnung immer mit der Löschtaste [C]. Sie bewirkt, dass frühere Rechnungen im Rechner gelöscht werden.
2. Verwende anstelle eines Kommas den Dezimalpunkt (Kommataste).
3. Kontrolliere dein Ergebnis durch eine Überschlagsrechnung.

Zwischen-ergebnis

2 Die Freundinnen Anja und Birgit haben in vier Klassenarbeiten die gleichen Noten geschrieben: 3, 4, 2, 1
Sie wollen nun den Notendurchschnitt berechnen.
Anja: [C] 3 [+] 4 [+] 2 [+] 1 [÷] 4   *Anzeige: 9,25*
Birgit: [C] 3 [+] 4 [+] 2 [+] 1 [÷] 4   *Anzeige: 2,5*

Berechnet mit euren Taschenrechnern den Notendurchschnitt. Welche Taschenrechner zeigen Anjas Ergebnis und welche Birgits Ergebnis an?

Berechnen des Mittelwertes: $\frac{3+4+2+1}{4}$

Tastenfolge: [C] 3 [+] 4 [+] 2 [+] 1 [=] [÷] 4 [=]   *Anzeige: 2,5*

Achtung! Wenn nötig, Zwischenergebnis ermitteln!

Wie kommst du zum richtigen Ergebnis?
Ergänze den Steckbrief deines Taschenrechners.

Ich kann Punkt vor Strich!

3 Anja und Birgit vergleichen die Ergebnisse.

Anja: [C] 4 [×] 5 [+] 6 [×] 7 [=]   *Anzeige: 62*
Birgit: [C] 4 [×] 5 [+] 6 [×] 7 [=]   *Anzeige: 182*

a) Welches Ergebnis stimmt?
b) Rechne mit deinem Taschenrechner. Wie kommst du zum richtigen Ergebnis? Ergänze den Steckbrief deines Taschenrechners.

4 Berechne die Rechenausdrücke.

a)
2,34 + 25,7 · 6
12 + 8,24 : 1,6
153,3 − 17,4 · 5,6
287,2 − 23,9 · 8,4

b)
17,45 · 36,8 − 12,85 · 35,4
32823 : 63 − 8795,92 : 1808
643,86 + 789,96 : 22,7 − 634,76
65 − 443,1672 : 78,16 − 22,84

Lösungen:
17,15   36,49   43,9
55,86   86,44   156,54
187,27 516,135

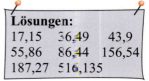

Steckbrief meines Taschenrechners

Eingabefehler verbessern

1 Bei der Eingabe von Zahlen und Rechenbefehlen kannst du dich leicht vertippen.

1. Beispiel: 8,4 + 7,5

Du gibst falsch ein. [c] 8,4 [+] 7.**6**

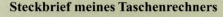

Steckbrief meines Taschenrechners
■ – löscht nur die letzte Eingabe
■ – löscht alle Eingaben

Alle Taschenrechner besitzen Tasten, mit denen du eine falsche Eingabe löschen kannst.
Probiere nun aus, welche Taste du bei deinem Taschenrechner drücken musst. Es gibt mehrere Möglichkeiten.

2. Beispiel: 83,12 [+] 16,88 [+] 27,33 [+] 62,77 [+] 88,55

Du gibst falsch ein. [c] 83.12 [+] 16.88 [+] 27.33 [+] 62.77 [+] 8**7**.55

Wie verbesserst du hier?

3. Beispiel: 36 · 4

Du gibst falsch ein. [c] 36 [÷]

Wie verbesserst du falsche Rechenzeichen? Ergänze den Steckbrief deines Taschenrechners.

2 Verbessere die Eingabefehler. Du hast verschiedene Möglichkeiten.
Aufgabe: a) 35 765 + 10 235   b) 23 + 27 + 49 − 38   c) 34,7 + 29,37 − 23,8 + 3,4
Eingabefehler: [c] . . . . 3 . .   [c] . 2 . . . .   [c] . . . − . . . . . .

Aufgabe: d) 34 · 26,8 : 36 · 55   e) 934,87 − 87,32 + 767,29   f) 34,5 : 0,5 + 86,27
Eingabefehler: [c] . . . 268 . . . . . .   [c] 8 . . . .   [c] . . . − . . : . . . .

Grenzen des Taschenrechners

Zeigt dein Taschenrechner das richtige Ergebnis an?

Beispiele   10 000 000 + 0,1 = 10 000 000,1   200 000 000 + 0,02 = 200 000 000,02
51 111 111 + 0,5 = 51 111 111,5   999 999 999 + 0,9 = 999 999 999,9

3 Sonderbare Ergebnisse. Ab welcher Aufgabe zeigt dein Taschenrechner nicht mehr alle Stellen an?

a) 1 · 1   b) 12 345 679 · 9   c) 1 · 9 + 2   d) 1 · 8 + 1
11 · 11   12 345 679 · 18   12 · 9 + 3   12 · 8 + 2
111 · 111   12 345 679 · 27   123 · 9 + 4   123 · 8 + 3
1111 · 1111   12 345 679 · 36   1234 · 9 + 5   1234 · 8 + 4
11111 · 1111   12 345 679 · 45   12345 · 9 + 6   12345 · 8 + 5

4 Rechne zuerst im Kopf, dann mit dem Taschenrechner. Einige Taschenrechner liefern nicht den genauen Wert. Wie ist das mit deinem Taschenrechner?

a) 4 : 11 · 11 : 4   b) 5 : 13 · 26 : 5   c) 1 234 567 890 + 0,9   d) 0,0001 · 0,001
8 : 17 · 17 : 8   6 : 9 · 9 : 12   99 999 999 : 99 999 998   10 000 000 − 0,001

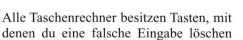

Preisvergleiche

1 a) Vergleiche den Preis für eine Kassette.
b) Tanja kauft für sich einen 2er-Pack und für ihre Eltern zwei 5er-Pack. Sie bezahlt mit einem 50-Euro-Schein. Wie viel Geld erhält sie zurück?

Kassetten
2er-Pack . . . . . **4,50 €**
5er-Pack . . . . . **9,75 €**
10er-Pack . . . **18,00 €**

Superchrom 90 min

2 a) Paul kauft 6 Buntstifte, 2 Bleistifte und einen Klebestift.
b) Daniela kauft 7 Hefte, einen Anspitzer und 12 Tintenpatronen.
c) Stefan kauft 2 Zeichenblöcke, einen Zirkelkasten und 3 Radierer.

3 a) Andrea kauft nur Buntstifte. Sie bezahlt mit einem 20-Euro-Schein und erhält 13,28 Euro Wechselgeld zurück.
b) Irene kauft einen Zirkelkasten und Hefte. Sie bezahlt mit einem 20-Euro-Schein und erhält 5,80 Euro Wechselgeld zurück.

4 Martin will 2 Zeichenblöcke, 12 Hefte, 9 Buntstifte, 12 Tintenpatronen und 6 Bleistifte kaufen. Da er nur 20 Euro hat, kauft er weniger Buntstifte. Wie viel Geld bekommt er zurück?

5

Schreibwarengeschäft Krause	Sonderangebote zum Schulanfang	Schreibwarengeschäft Faber
6 Hefte . . . . 3,99 € 4 Bleistifte . . . . . . 1,79 € 6 Buntstifte . . . . . 3,36 € 3 Zeichenblöcke . . 5,04 € Tintenpatronen . . . . 1,35 €	Welche Schulsachen würdest du bei Krause, welche bei Faber kaufen?	5 Hefte . . . . 3,15 € 6 Bleistifte . . . . . . 3,60 € 8 Buntstifte . . . . . 2,40 € 2 Zeichenblöcke . . 4,99 € 15 Tintenpatronen . . 2,25 €

6 Für welches Angebot würdest du dich entscheiden? Vergleiche Gewicht und Preis. Vergleiche den Preis für eine Orange.

Spiele mit dem Taschenrechner

Taschenrechner löst Rätsel im Kopfstand

1 a) Manche Ziffern des Taschenrechners lassen sich als Buchstaben lesen, wenn du den Taschenrechner um 180° drehst. Probiere aus, mit welchen Ziffern du „schreiben" kannst.

b) Berechne 75 833 − 40 696, drehe den Taschenrechner und lies das Ergebnis.

c) Löse das „Kreuzworträtsel".

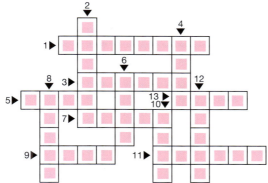

Waagerecht
1 kleine Liebe (4 506 358 + 73 081) · 3
3 Hundesprache 2 · (2944 − 1809) + 771 569
5 Mädchenname (4726 + 5987) : 3
7 nicht laut 52 705,5 · 2 : 3
9 Vogel 10 927 − 6,5 · (912 − 28)
11 Dotter 7522 · 123 − 51 293
13 Ackergerät 4886 − 2 · (453 − 6,5)

Senkrecht
2 fast ein Spiegel 720 315 + 50 · (147 + 233)
4 ... mit Weile 5 · 142 + 143 · 21
6 hackt Holz 1 + 9 · (571 + 222)
8 Blume 4 + 3 · (9890 + 681)
10 Huftier 4 · (2000 − 318) + 625
12 Instrument 16 138 + 37,4 · 615

Hunderterjagd

Spielregeln
1. Mit der Rechenzahl darfst du addieren, subtrahieren, multiplizieren und dividieren.
2. Multiplikation und Division dürfen nicht miteinander abwechseln.
3. Addition und Subtraktion dürfen nicht miteinander abwechseln.
4. Das Spiel beginnt mit der Startzahl 1.
5. Zwei Spieler rechnen abwechselnd insgesamt 10 Spielrunden.
6. Wer mit seinem Ergebnis die Zahl 100 übertrifft, hat verloren.
7. Wer bei den 10 Spielrunden eine Zahl von 99,5 bis 100 erreicht oder nach der 10. Spielrunde der Zahl 100 am nächsten ist, hat gewonnen.

Beispiel: Angela und Birgit spielen mit der **Rechenzahl 4,5;** Angela beginnt.

Spieler	1. Runde	2. Runde	3. Runde	4. Runde	5. Runde
Angela	· 4,5	−	· 4,5	−	: 4,5	−	· 4,5	−
Birgit	−	+ 4,5	−	− 4,5	−	+ 4,5	−	+ 4,5
Ergebnis	4,5	9,0	40,5	36	8	12,5	56,25	60,75		

2 a) Setze das Spiel mit einem Partner fort.
b) Spiele mit einer anderen Startzahl und einer anderen Rechenzahl, z. B. Startzahl 10, Rechenzahl 7,7.
c) Ändere die Spielregeln so ab, dass du mehrere Rechenzahlen verwenden darfst, z. B. Startzahl 3, Rechenzahlen 2,5 3,4 8,3.
d) Erfinde selbst neue Spielregeln.

2 Brüche

Station 1 Bruchteile

Welche Bruchteile sind dargestellt?

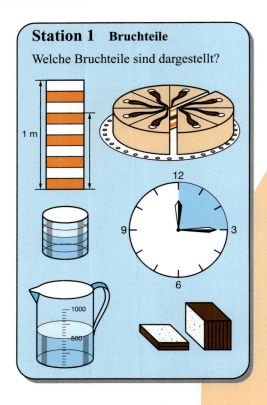

Station 2 Bruchmemory

Stelle aus Kärtchen ein Bruchmemory her. Legt die Plättchen verdeckt hin. Findet Paare, die zusammengehören.

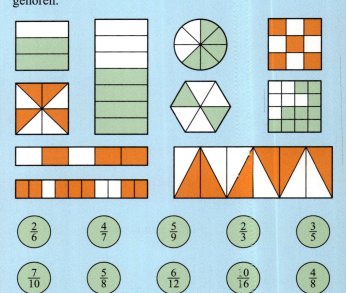

Station 7 Zeichnen und denken

Zeichne ein Rechteck (3 cm lang, 2 cm breit) mehrmals. Färbe den angegebenen Teil.

a) $\frac{1}{2}$ b) $\frac{2}{3}$ c) $\frac{1}{6}$

d) $\frac{5}{6}$ e) $\frac{3}{4}$ f) $\frac{4}{6}$

Station 6 Bruchräuber

Übertrage die Brüche auf Chips oder Kronenkorken. Lege sie verdeckt hin. Zwei Spieler drehen gleichzeitig je einen Chip um. Der Spieler mit dem größeren (kleineren) Bruch zieht beide Chips ein.

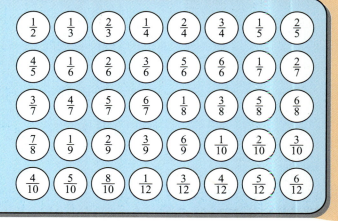

Übungszirkel: Brüche

Station 3 Vier in einer Reihe

Neben dem Spielplan ist der Nenner angegeben, auf den erweitert oder gekürzt werden muss. Du setzt einen Spielstein auf ein Feld und löst die Aufgabe. Dann kommt dein Spielpartner an die Reihe. Es gewinnt, wer als erster 4 Steine waagerecht, senkrecht oder diagonal setzen kann.

$\frac{\square}{20}$

$\frac{4}{5}$	$\frac{2}{40}$	$\frac{40}{80}$	$\frac{15}{100}$	$\frac{12}{48}$
$\frac{9}{10}$	$\frac{30}{100}$	$\frac{12}{16}$	$\frac{3}{30}$	$\frac{25}{50}$
$\frac{3}{5}$	$\frac{40}{60}$	$\frac{3}{4}$	$\frac{15}{60}$	$\frac{7}{10}$
$\frac{75}{100}$	$\frac{8}{32}$	$\frac{32}{80}$	$\frac{6}{40}$	$\frac{10}{200}$
$\frac{3}{2}$	$\frac{44}{80}$	$\frac{30}{100}$	$\frac{3}{6}$	$\frac{6}{8}$

Variante: *„Durchbrechen"*
Ein Schüler beginnt in der oberen Reihe, der andere Schüler in der unteren Reihe. Es gewinnt, wer als erster einen Weg zur Startreihe des Gegners legen kann.

Station 4 Kürze und gewinne
(Spiel über 10 Runden mit zwei Würfeln)

Du würfelst abwechselnd mit deinem Spielpartner mit zwei Würfeln.
Bilde aus dem Würfelbild einen Bruch und schreibe ihn auf.
Kannst du kürzen, erhältst du einen Punkt.

Station 5 Bruchroulette

Schneide die Kreisscheiben (d_1 = 16 cm, d_2 = 6 cm) aus festem Papier aus und klebe sie in eine Frisbee-Scheibe. Klebe Streichhölzer zwischen die Felder. Beschrifte.
Bestimme das Operationszeichen (+, ·, :).
Setze 2 Kugeln am Rand ein und stoße sie an. Sie rollen in die Felder. Berechne.

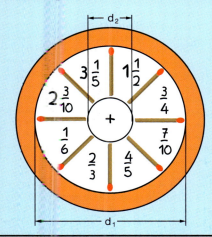

Scheibe 2:
$\frac{1}{5}$, $\frac{4}{5}$, $1\frac{2}{3}$, $2\frac{5}{6}$, $\frac{1}{7}$, $3\frac{1}{10}$, $\frac{2}{5}$, $1\frac{4}{5}$

Scheibe 3:
$\frac{1}{6}$, $\frac{5}{6}$, $1\frac{2}{7}$, $\frac{2}{3}$, $2\frac{3}{4}$, $4\frac{1}{2}$, $\frac{2}{9}$, $1\frac{1}{4}$

16 Bruchteile herstellen

1 Welche Bruchteile sind hergestellt?

2 Gib zuerst an, in wie viel gleiche Teile die Fläche geteilt ist. Welcher Bruchteil ist gefärbt, welcher Bruchteil ist nicht gefärbt?

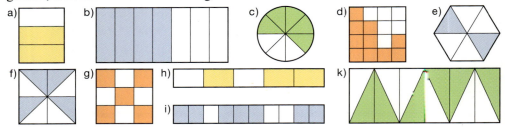

3 Zeichne ein Rechteck (3 cm lang, 2 cm breit). Färbe den angegebenen Teil des Rechtecks.

a) $\frac{1}{2}$ b) $\frac{1}{3}$ c) $\frac{2}{3}$ d) $\frac{1}{6}$ e) $\frac{3}{6}$ f) $\frac{5}{6}$ g) $\frac{1}{4}$ h) $\frac{3}{4}$

4 Zeichne jeweils ein Rechteck (4 cm lang, 3 cm breit) und färbe die Bruchteile.

a) $\frac{1}{8}$ b) $\frac{5}{8}$ c) $\frac{1}{6}$ d) $\frac{4}{6}$ e) $\frac{4}{12}$ f) $\frac{7}{12}$ g) $\frac{13}{48}$ h) $\frac{28}{48}$

5 Die Quader sind aus gelben, grünen und blauen Würfeln gebaut. Gib für jede Farbe den Bruchteil an.

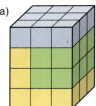 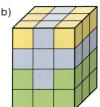 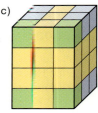

6 Welcher Bruchteil der Kugeln ist grün?

Beispiel:    2 Kugeln von 5 Kugeln = $\frac{2}{5}$ der Kugeln

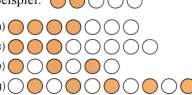

7 Gib als Bruchteil an.

a) 4 Spieler von 11 Spielern   b) 3 Plätze von 9 Plätzen   c) 8 Autos von 12 Autos
   2 Schüler von 7 Schülern   7 Tiere von 28 Tieren   18 Tage von 24 Tagen

Bruchteile berechnen

1 Michael spart für ein neues Mountainbike.
$\frac{1}{3}$ des Preises erhält er von seinen Eltern.

$\frac{1}{3}$ von 420 Euro = ▨ Euro

| 420 € | davon der 3.Teil → | ▨ € |
| 420 € | :3 → | 140 € |

Er erhält 140 Euro.

Berechne.

a) $\frac{1}{6}$ von 420 €   b) $\frac{1}{5}$ von 420 €   c) $\frac{1}{4}$ von 300 €   d) $\frac{1}{8}$ von 240 €

e) $\frac{1}{4}$ von 60 min   f) $\frac{1}{10}$ von 120 min   g) $\frac{1}{5}$ von 80 km   h) $\frac{1}{7}$ von 84 km

2 Wandle vorher um. **Beispiel** $\frac{1}{6}$ von 2 h = $\frac{1}{6}$ von 120 min = 20 min

a) $\frac{1}{5}$ von 3 h   b) $\frac{1}{3}$ von 4 h   c) $\frac{1}{4}$ von 7 h   d) $\frac{1}{9}$ von 3 h

e) $\frac{1}{10}$ von 1 kg   f) $\frac{1}{5}$ von 2 kg   g) $\frac{1}{8}$ von 4 kg   h) $\frac{1}{6}$ von 3 kg

3 In der Klasse 7a sind 25 Schüler. Bei den Bundesjugendspielen erreichten $\frac{3}{5}$ der Schüler eine Siegerurkunde.

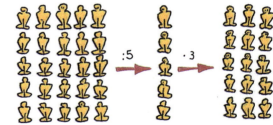

Antwort: 15 Schüler erreichten eine Siegerurkunde.

a) In der Klasse 7b sind 24 Schüler. $\frac{2}{3}$ der Schüler erreichten eine Siegerurkunde.

b) In der Klasse 7c sind 28 Schüler. $\frac{1}{7}$ der Schüler erreichte eine Ehrenurkunde. $\frac{3}{4}$ der Schüler erreichten eine Siegerurkunde.

4 Berechne.

a) $\frac{2}{3}$ von 24 m   b) $\frac{4}{5}$ von 55 kg   c) $\frac{4}{6}$ von 120 km   d) $\frac{3}{8}$ von 32 l

e) $\frac{7}{12}$ von 60 min   f) $\frac{3}{7}$ von 49 €   g) $\frac{5}{9}$ von 180 kg   h) $\frac{5}{6}$ von 240 €

5 In einer Hühnerfarm werden 1200 Eier in drei Größen abgepackt. $\frac{1}{3}$ sind kleine Eier, $\frac{2}{5}$ sind mittelgroß. Der Rest besteht aus großen Eiern. Wie viele große Eier gibt es?

Andere Schreibweisen für Brüche

Prozent

1 Das Quadrat zeigt die Verteilung der Fläche in Deutschland.
a) Wie viele Felder sind für die gesamte Fläche gezeichnet?
b) Gib die Teilfächen als Hundertstelbrüche an.
c) Wie groß sind die Anteile in km²? Die Gesamtfläche beträgt 357 000 km².

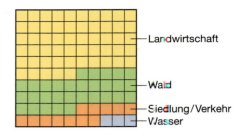

> Für Bruchteile mit dem Nenner 100 verwendet man die Prozentschreibweise.
> $\frac{71}{100} = 71\%$ *(lies 71 Prozent)* $\frac{29}{100} = 29\%$ Beachte: $\frac{1}{100} = 1\%$

2 Bei 500 Schülerinnen und Schülern wurde eine Befragung nach dem Lieblingsgetränk durchgeführt.
a) Gib den Bruchteil für das Lieblingsgetränk als Hundertstelbruch und in Prozent an.
b) Berechne, wie viele Schülerinnen und Schüler sich für die verschiedenen Getränke entschieden haben.

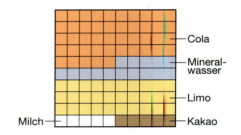

3 Schreibe die Bruchteile als Hundertstelbruch und als Prozent.
a) $\frac{1}{10}, \frac{3}{10}, \frac{5}{10}, \frac{7}{10}$ b) $\frac{1}{5}, \frac{4}{5}, \frac{2}{5}, \frac{3}{5}$ c) $\frac{1}{4}, \frac{3}{4}, \frac{2}{4}, \frac{4}{4}$ d) $\frac{1}{2}, \frac{4}{25}, \frac{2}{50}, \frac{3}{20}$

Verhältnis

4 Carolin möchte das Regal im Verhältnis 3 : 2 unterteilen.

3 Teile $\triangleq \frac{3}{5}$

$\frac{3}{5}$ von 2 m = 120 cm

Berechne den anderen Teil ebenso.

5 Ein Seil wird im angegebenen Verhältnis in zwei Teile zerschnitten. Berechne die Länge der beiden Teilstücke.

	a)	b)	c)	d)	e)	f)
Länge des Seils	3 m	12 m	7,50 m	2,75 m	24,40 m	56,35 m
Verhältnis	1 : 5	2 : 3	4 : 1	7 : 4	5 : 3	3 : 4

6 Herr Baumann und Frau Rieder haben zusammen Lotto gespielt. Frau Rieder hat dreimal so viel eingezahlt wie Herr Baumann. Einen Gewinn teilen sie daher im Verhältnis 1 : 3. Wie viel Geld erhält jeder bei einem Gewinn von
a) 1000 €   b) 4000 €   c) 10 000 €   d) 52 872 €?

7 Um eine Zitronenlimonade herzustellen sollen Wasser und Zitronensirup im Verhältnis 3 : 5 gemischt werden. Wie viel ml Wasser und Zitronensirup muss Rainer miteinander mischen, damit er zwei Liter Zitronenlimonade erhält?

Brüche erweitern und kürzen

Erweitern

$\dfrac{2 \cdot 3}{3 \cdot 3} = \dfrac{6}{9}$

Zähler und Nenner mit der gleichen Zahl multiplizieren.

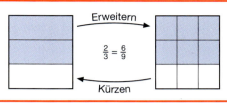

$\dfrac{2}{3} = \dfrac{6}{9}$

Kürzen

$\dfrac{6 : 3}{9 : 3} = \dfrac{2}{3}$

Zähler und Nenner durch die gleiche Zahl dividieren.

1 Welcher Bruchteil ist gefärbt? Gib jeweils mindestens 2 Antworten.

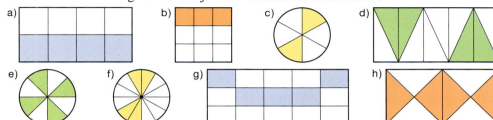

2 Erweitere mit 3 (5, 4, 7).

a) $\dfrac{3}{4}$ b) $\dfrac{4}{7}$ c) $\dfrac{3}{10}$ d) $\dfrac{1}{2}$ e) $\dfrac{1}{4}$ f) $\dfrac{1}{5}$ g) $\dfrac{2}{9}$ h) $\dfrac{2}{5}$

i) $\dfrac{1}{3}$ k) $\dfrac{7}{8}$ l) $\dfrac{3}{7}$ m) $\dfrac{7}{10}$ n) $\dfrac{3}{8}$ o) $\dfrac{3}{9}$ p) $\dfrac{2}{3}$ q) $\dfrac{5}{8}$

3 Erweitere auf den angegebenen Nenner.

a) $\dfrac{3}{4}$ $\dfrac{2}{6}$ $\dfrac{7}{12}$ $\dfrac{3}{8}$ auf $\dfrac{\blacksquare}{25}$ b) $\dfrac{1}{6}$ $\dfrac{2}{5}$ $\dfrac{7}{15}$ $\dfrac{2}{3}$ auf $\dfrac{\blacksquare}{30}$

c) $\dfrac{2}{3}$ $\dfrac{4}{9}$ $\dfrac{5}{6}$ $\dfrac{7}{9}$ auf $\dfrac{\blacksquare}{18}$ d) $\dfrac{5}{30}$ $\dfrac{5}{9}$ $\dfrac{30}{45}$ $\dfrac{7}{15}$ auf $\dfrac{\blacksquare}{90}$

4 Kürze durch 2 (durch 3).

a) $\dfrac{6}{12}$ b) $\dfrac{18}{24}$ c) $\dfrac{12}{30}$ d) $\dfrac{30}{36}$ e) $\dfrac{42}{48}$ f) $\dfrac{18}{60}$ g) $\dfrac{48}{54}$ h) $\dfrac{60}{72}$

5 Kürze so weit wie möglich.

a) $\dfrac{6}{9}$ $\dfrac{8}{12}$ $\dfrac{6}{8}$ $\dfrac{10}{15}$ $\dfrac{12}{18}$ $\dfrac{12}{21}$ b) $\dfrac{14}{21}$ $\dfrac{18}{27}$ $\dfrac{21}{28}$ $\dfrac{14}{42}$ $\dfrac{12}{36}$ $\dfrac{22}{55}$ c) $\dfrac{24}{30}$ $\dfrac{24}{32}$ $\dfrac{12}{28}$ $\dfrac{16}{32}$ $\dfrac{14}{56}$ $\dfrac{13}{39}$

6 Bestimme die fehlenden Zähler oder Nenner.

a) $\dfrac{4}{5} = \dfrac{\blacksquare}{30}$ b) $\dfrac{15}{20} = \dfrac{3}{\blacksquare}$ c) $\dfrac{\blacksquare}{18} = \dfrac{2}{3}$ d) $\dfrac{15}{\blacksquare} = \dfrac{3}{7}$ e) $\dfrac{12}{28} = \dfrac{\blacksquare}{7}$ f) $\dfrac{7}{\blacksquare} = \dfrac{63}{81}$

7 Erweitere auf den Nenner 100 und schreibe als Prozent. Beachte: $\dfrac{1}{100} = 1\%$.

a) $\dfrac{1}{50}$ $\dfrac{47}{50}$ $\dfrac{19}{50}$ $\dfrac{3}{25}$ $\dfrac{21}{25}$ b) $\dfrac{7}{20}$ $\dfrac{19}{20}$ $\dfrac{1}{10}$ $\dfrac{7}{10}$ $\dfrac{3}{10}$ c) $\dfrac{1}{5}$ $\dfrac{4}{5}$ $\dfrac{1}{4}$ $\dfrac{3}{4}$ $\dfrac{1}{2}$

8 Gib die Ergebnisse einer Umfrage als Bruchteil und in Prozent an.

> **Beispiel**   6 Autos von 20 Autos haben einen Katalysator.
> Anteil: 6 von 20 = $\dfrac{6}{20} = \dfrac{30}{100} = 30\%$

a) 17 Autos von 50 Autos sind Kleinwagen.
b) 21 Fahrräder von 25 Fahrrädern haben eine Gangschaltung.
c) 9 Familien von 10 Familien haben ein Fernsehgerät.

Brüche vergleichen

1 Erweitere die Brüche auf den gleichen Nenner und vergleiche sie.

Beispiel $\frac{2}{3}$ und $\frac{3}{4}$

Erweitern: $\frac{2}{3} = \frac{8}{12}$; $\frac{3}{4} = \frac{9}{12}$

$\frac{2}{3} < \frac{3}{4}$

a) $\frac{3}{4}$ und $\frac{7}{8}$ b) $\frac{3}{7}$ und $\frac{2}{3}$ c) $\frac{6}{21}$ und $\frac{3}{7}$ d) $\frac{7}{9}$ und $\frac{2}{11}$

$\frac{1}{4}$ und $\frac{3}{5}$ $\frac{4}{5}$ und $\frac{11}{15}$ $\frac{3}{5}$ und $\frac{6}{7}$ $\frac{4}{9}$ und $\frac{13}{18}$

$\frac{5}{6}$ und $\frac{7}{12}$ $\frac{3}{4}$ und $\frac{5}{6}$ $\frac{9}{16}$ und $\frac{5}{8}$ $\frac{7}{8}$ und $\frac{1}{6}$

2 Vergleiche.

a) $\frac{3}{9}, \frac{10}{27}$ b) $\frac{6}{11}, \frac{14}{33}$ c) $\frac{9}{12}, \frac{8}{9}$ d) $\frac{7}{20}, \frac{5}{30}$ e) $\frac{5}{12}, \frac{4}{18}$ f) $\frac{8}{15}, \frac{7}{9}$

3 Vergleiche die Bruchteile. Schreibe mit <, >, =.

a) $\frac{5}{8}$ kg ☐ $\frac{1}{2}$ kg   b) $\frac{7}{10}$ m ☐ $\frac{3}{4}$ m   c) $8\frac{3}{8}$ l ☐ $8\frac{1}{4}$ l   d) $5\frac{2}{5}$ km ☐ $5\frac{3}{8}$ km

$\frac{1}{4}$ kg ☐ $\frac{13}{50}$ kg $\frac{21}{25}$ m ☐ $\frac{7}{10}$ m $1\frac{1}{2}$ l ☐ $1\frac{7}{14}$ l $4\frac{3}{20}$ km ☐ $4\frac{1}{8}$ km

$\frac{3}{8}$ km ☐ $\frac{2}{5}$ km $\frac{7}{20}$ t ☐ $\frac{2}{5}$ t $3\frac{2}{5}$ kg ☐ $3\frac{1}{2}$ kg $2\frac{1}{2}$ m ☐ $1\frac{3}{4}$ m

4 Zeichne den Zahlenstrahl in dein Heft. Trage die Brüche ein und vergleiche sie.

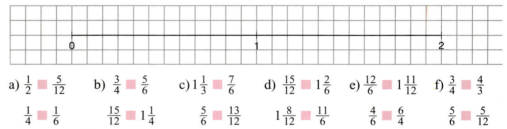

a) $\frac{1}{2}$ ☐ $\frac{5}{12}$ b) $\frac{3}{4}$ ☐ $\frac{5}{6}$ c) $1\frac{1}{3}$ ☐ $\frac{7}{6}$ d) $\frac{15}{12}$ ☐ $1\frac{2}{6}$ e) $\frac{12}{6}$ ☐ $1\frac{11}{12}$ f) $\frac{3}{4}$ ☐ $\frac{4}{3}$

$\frac{1}{4}$ ☐ $\frac{1}{6}$ $\frac{15}{12}$ ☐ $1\frac{1}{4}$ $\frac{5}{6}$ ☐ $\frac{13}{12}$ $1\frac{8}{12}$ ☐ $\frac{11}{6}$ $\frac{4}{6}$ ☐ $\frac{6}{4}$ $\frac{5}{6}$ ☐ $\frac{5}{12}$

5 a) Zeichne einen Zahlenstrahl von 0 bis 2 (Einheit 10 cm).
b) Markiere auf ihm die Brüche $\frac{3}{5}$; $\frac{7}{10}$; $\frac{3}{2}$; $\frac{7}{4}$; $\frac{6}{20}$; $\frac{10}{5}$; $\frac{3}{10}$; $\frac{9}{20}$.
c) Schreibe die Brüche der Größe nach geordnet auf. Beginne mit dem kleinsten Bruch.
d) Schreibe an jeder Marke einen weiteren Bruch.

6 Vergleiche. Verwende <, >, =.

a) $\frac{2}{5}$ m und 0,5 m   b) 0,78 t und $\frac{3}{4}$ t   c) 2,3 hl und $2\frac{1}{4}$ hl   d) $\frac{9}{8}$ km und 1,1 km

$\frac{6}{5}$ m und 1,2 m $\frac{3}{8}$ t und 380 kg   835 l und $8\frac{2}{5}$ hl $\frac{5}{16}$ km und 315 m

0,85 m und $\frac{7}{8}$ m   1,15 t und $\frac{9}{8}$ t $\frac{17}{20}$ hl und 0,83 hl   0,09 km und $\frac{3}{40}$ km

7 Schätze die Bruchteile ab wie im Beispiel.

Beispiel $\frac{3}{14}$ m ≈ $\frac{3}{15}$

$\frac{3}{15}$ m = $\frac{1}{5}$ m = 20 cm

$\frac{3}{14}$ m ≈ 20 cm

a) $\frac{5}{11}$ t   b) $\frac{7}{15}$ km   c) $\frac{4}{17}$ hl   d) $\frac{2}{7}$ h

$\frac{15}{16}$ t $\frac{4}{27}$ km $\frac{3}{23}$ hl $\frac{17}{30}$ h

$\frac{4}{15}$ t $\frac{17}{60}$ km $\frac{37}{45}$ hl $\frac{11}{8}$ h

Brüche addieren und subtrahieren

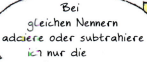

$\frac{5}{12} + \frac{4}{12} = \frac{9}{12} = \frac{3}{4}$

$\frac{7}{9} - \frac{4}{9} = \frac{3}{9} = \frac{1}{3}$

$\frac{5}{3} - \frac{3}{4} = \frac{20}{12} - \frac{15}{12} = \frac{5}{12}$

$\frac{5}{6} - \frac{5}{8} = \frac{20}{24} - \frac{15}{24} = \frac{5}{24}$

1 Berechne und kürze das Ergebnis, falls möglich.

a) $\frac{3}{4} + \frac{1}{8}$ b) $\frac{5}{8} + \frac{1}{4}$ c) $\frac{15}{16} - \frac{3}{8}$ d) $\frac{17}{10} - \frac{6}{5}$

$\frac{1}{3} + \frac{4}{9}$ $\frac{3}{5} - \frac{1}{10}$ $\frac{3}{5} - \frac{7}{15}$ $\frac{13}{20} + \frac{7}{4}$

$\frac{2}{3} - \frac{1}{9}$ $\frac{3}{7} - \frac{2}{21}$ $\frac{17}{30} + \frac{9}{10}$ $\frac{11}{42} + \frac{5}{7}$

2 a) $\frac{1}{2}$ kg + $\frac{2}{5}$ kg   b) $\frac{3}{4}$ hl + $\frac{7}{10}$ hl   c) $2\frac{4}{5}$ t + $\frac{17}{20}$ t   d) $\frac{3}{5}$ km + $\frac{7}{10}$ km

$\frac{5}{6}$ h − $\frac{3}{5}$ h $3\frac{1}{4}$ h − $1\frac{5}{6}$ h $5\frac{7}{8}$ km − $2\frac{7}{10}$ km $\frac{3}{2}$ l − $\frac{5}{8}$ l

$2\frac{5}{12}$ min − $\frac{3}{4}$ min $7\frac{1}{4}$ h − $2\frac{5}{12}$ h $6\frac{2}{8}$ kg + $4\frac{3}{5}$ kg $\frac{13}{6}$ min − $\frac{11}{15}$ min

3 Welche Zahl steht im roten Kästchen?

a) 10 $\xrightarrow{-2\frac{1}{2}}$ ☐ $\xrightarrow{+3\frac{2}{3}}$ ☐ $\xrightarrow{-4\frac{3}{4}}$ ☐ $\xrightarrow{+5\frac{4}{5}}$ ▇

b) ▇ $\xrightarrow{+1\frac{1}{4}}$ ☐ $\xrightarrow{-2\frac{1}{2}}$ ☐ $\xrightarrow{+3\frac{1}{8}}$ ☐ $\xrightarrow{-4\frac{3}{4}}$ 20

4

| $\frac{3}{5} + \frac{2}{10}$ | $\frac{2}{7} + \frac{6}{14}$ | $\frac{4}{12} + \frac{3}{9}$ | $\frac{1}{6} + \frac{6}{12}$ | $\frac{7}{12} + \frac{4}{9} + \frac{1}{4}$ | $1\frac{7}{10} + \frac{3}{5} + 2\frac{1}{2}$ |

| $\frac{11}{12} - \frac{1}{4}$ | $\frac{1}{2} - \frac{1}{8}$ | $\frac{5}{6} - \frac{7}{12}$ | $\frac{4}{5} - \frac{3}{10}$ | $12 - 1\frac{3}{4} - \frac{4}{5}$ | $8 - 1\frac{5}{6} - \frac{13}{15}$ |

Lösungen: $\frac{2}{3}$ $\frac{4}{5}$ $1\frac{5}{18}$ $\frac{2}{3}$ $\frac{5}{7}$ $4\frac{4}{5}$ $\frac{1}{4}$ $\frac{2}{3}$ $\frac{3}{8}$ $9\frac{9}{20}$ $5\frac{3}{10}$ $\frac{1}{2}$

5 Rechne wie im Beispiel. $\quad 5\frac{3}{4} + 1\frac{3}{5} = 5\frac{15}{20} + 1\frac{12}{20} = 6\frac{27}{20} = 7\frac{7}{20}$

a) $3\frac{1}{5} + \frac{7}{8}$ b) $6\frac{4}{5} + 1\frac{2}{3}$ c) $8\frac{1}{2} + 2\frac{5}{7}$ d) $3\frac{7}{9} - \frac{2}{3}$ e) $5\frac{1}{3} - 3\frac{1}{2}$ f) $7\frac{1}{3} - 4\frac{3}{4}$

g) $2\frac{4}{5} + \frac{2}{3}$ h) $3\frac{1}{4} + 1\frac{5}{6}$ i) $5\frac{2}{5} - 2\frac{3}{8}$ k) $4\frac{1}{6} - 2\frac{3}{5}$ l) $1\frac{1}{2} + 2\frac{5}{8}$ m) $3\frac{2}{3} + 2\frac{9}{10}$

L zu Nr. 5: $1\frac{17}{30}$, $1\frac{5}{6}$, $2\frac{7}{12}$, $3\frac{1}{40}$, $3\frac{1}{9}$, $3\frac{7}{15}$, $4\frac{3}{40}$, $4\frac{1}{8}$, $5\frac{1}{12}$, $6\frac{17}{30}$, $8\frac{7}{15}$, $11\frac{3}{14}$

22 Brüche vervielfältigen und teilen

Bruch mal ganze Zahl

$$\frac{5}{8} \cdot 3 = \frac{5 \cdot 3}{8} = \frac{15}{8} = 1\frac{7}{8}$$

Multipliziere den Zähler mit der Zahl. Der Nenner bleibt unverändert.

1 Berechne. Kürze, wenn möglich.

a) $\frac{2}{5} \cdot 4$ b) $4 \cdot \frac{5}{6}$ c) $\frac{2}{3} \cdot 6$ d) $\frac{7}{12} \cdot 4$ e) $20 \cdot \frac{13}{50}$ f) $2\frac{1}{7} \cdot 3$

$\frac{3}{4} \cdot 7$ $4 \cdot \frac{3}{10}$ $\frac{1}{5} \cdot 15$ $\frac{8}{9} \cdot 3$ $18 \cdot \frac{5}{12}$ $1\frac{3}{8} \cdot 14$

$\frac{1}{8} \cdot 5$ $6 \cdot \frac{3}{8}$ $\frac{4}{9} \cdot 7$ $\frac{2}{15} \cdot 5$ $35 \cdot \frac{11}{21}$ $4\frac{3}{10} \cdot 8$

2 Multipliziere. Verwandle das Ergebnis in eine gemischte Zahl.

a) $\frac{3}{4}$ m $\cdot$ 5   b) $6 \cdot \frac{5}{8}$ km   c) $\frac{3}{20}$ kg $\cdot$ 14   d) $9 \cdot \frac{7}{12}$ h   e) $\frac{9}{16}$ t $\cdot$ 16   f) $3\frac{1}{3}$ dm $\cdot$ 6

$\frac{1}{2}$ m $\cdot$ 7 $8 \cdot \frac{5}{4}$ km $\frac{5}{6}$ kg $\cdot$ 9 $15 \cdot \frac{2}{3}$ h $\frac{4}{9}$ t $\cdot$ 12 $5\frac{1}{8}$ km $\cdot$ 10

3 Marion stellt aus fünf Päckchen Brauselimonade her. Wie viel Wasser muss sie in den Krug füllen?

6 In einem Karton sind sieben Holzkugeln. Eine Holzkugel wiegt $\frac{3}{16}$ kg. In einem anderen Karton sind 52 Kugeln aus Styropor. Jede Kugel wiegt $\frac{1}{40}$ kg. Welcher Karton ist schwerer?

Bruch durch ganze Zahl

$\frac{8}{9} : 4 = \blacksquare$ $\frac{4}{5} : 3 = \blacksquare$

Der Zähler ist teilbar. Dividiere den Zähler.

Erweitere so, dass der Zähler teilbar wird.

$\frac{8}{9} : 4 = \frac{2}{9}$ $\frac{4}{5} = \frac{12}{15}; \frac{12}{15} : 3 = \frac{4}{15}$

5 a) $\frac{4}{5} : 2$ b) $\frac{2}{5} : 3$ c) $\frac{2}{7} : 4$ d) $\frac{3}{4} : 12$ e) $\frac{24}{3} : 8$ f) $5\frac{1}{4} : 7$

$\frac{8}{9} : 4$ $\frac{5}{7} : 2$ $\frac{5}{8} : 10$ $\frac{1}{3} : 5$ $\frac{15}{8} : 10$ $3\frac{1}{3} : 20$

$\frac{14}{15} : 7$ $\frac{3}{8} : 4$ $\frac{5}{2} : 15$ $\frac{6}{7} : 9$ $\frac{21}{5} : 6$ $8\frac{4}{7} : 15$

6 a) $\frac{3}{4}$ kg : 5   b) $\frac{1}{2}$ h : 3   c) $\frac{9}{10}$ m : 6   d) $\frac{15}{8}$ km : 10   e) $\frac{20}{21}$ g : 8   f) $6\frac{1}{4}$ t : 5

$\frac{9}{10}$ kg : 3 $\frac{4}{3}$ h : 8 $\frac{24}{5}$ m : 8 $\frac{1}{4}$ km : 5 $\frac{18}{5}$ g : 12 $19\frac{4}{5}$ t : 6

7 Die Eisenstäbe werden in gleich lange Stücke zersägt. Wie lang werden die Stücke?

a) $2\frac{3}{4}$ m in fünf Stücke   b) $5\frac{1}{10}$ m in drei Stücke   c) $1\frac{4}{5}$ m in 12 Stücke

Brüche multiplizieren

1 Thomas hat seiner Schwester die Hälfte seiner Tafel Schokolade geschenkt. Von dem Rest isst er im Laufe des Tages $\frac{3}{4}$. Welchen Bruchteil der Schokolade hat er gegessen?

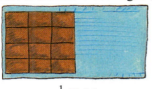 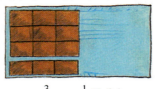 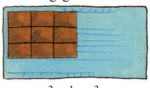

$\frac{1}{2}$ Tafel $\frac{3}{4}$ von $\frac{1}{2}$ Tafel $\frac{3}{4} \cdot \frac{1}{2} = \frac{3}{8}$

2 Löse die Aufgabe mit Hilfe der Zeichnung.

a)    b) 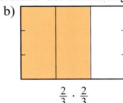   c) 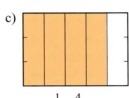   d)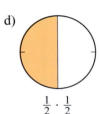

$\frac{1}{4} \cdot \frac{1}{2}$ $\frac{2}{3} \cdot \frac{2}{3}$ $\frac{1}{3} \cdot \frac{4}{5}$ $\frac{1}{2} \cdot \frac{1}{2}$

So multiplizierst du zwei Brüche:

$$\frac{2}{3} \cdot \frac{4}{5} = \frac{2 \cdot 4}{3 \cdot 5} = \frac{8}{15}$$

Zähler mal Zähler / Nenner mal Nenner

---

3 Wie groß ist die Hälfte von einem halben Dezimeter?

$\frac{1}{2}$ von $\frac{1}{2}$ dm:

$\frac{1}{2}$ von $\frac{1}{2}$ dm: $= \frac{1}{4}$ dm   oder: $\frac{1}{2} \cdot \frac{1}{2}$ dm $= \frac{1}{4}$ dm

Berechne. Überprüfe das Ergebnis durch eine Zeichnung (wie im Beispiel).

a) $\frac{1}{2}$ von $\frac{1}{5}$ dm   b) $\frac{1}{4}$ von $\frac{1}{2}$ dm   c) $\frac{1}{3}$ von $\frac{3}{5}$ dm   d) $\frac{3}{4}$ von $\frac{4}{5}$ dm

$\frac{1}{2}$ von $\frac{1}{4}$ dm $\frac{1}{5}$ von $\frac{1}{2}$ dm $\frac{1}{2}$ von $\frac{3}{5}$ dm $\frac{2}{3}$ von $\frac{3}{4}$ dm

Für 7 kannst du auch $\frac{7}{1}$ schreiben.

4 Multipliziere. Verwandle das Ergebnis wenn möglich in eine gemischte Zahl.

a) $\frac{3}{4} \cdot \frac{1}{2}$ b) $\frac{5}{6} \cdot \frac{1}{4}$ c) $\frac{5}{2} \cdot \frac{7}{3}$ d) $\frac{4}{3} \cdot \frac{7}{3}$ e) $7 \cdot \frac{5}{8}$ f) $\frac{3}{7} \cdot 12$

$\frac{1}{3} \cdot \frac{4}{5}$ $\frac{3}{10} \cdot \frac{7}{10}$ $\frac{9}{5} \cdot \frac{7}{2}$ $\frac{7}{8} \cdot \frac{3}{2}$ $10 \cdot \frac{2}{3}$ $\frac{3}{5} \cdot 3$

$\frac{1}{5} \cdot \frac{1}{2}$ $\frac{7}{10} \cdot \frac{3}{8}$ $\frac{5}{2} \cdot \frac{5}{2}$ $\frac{5}{6} \cdot \frac{7}{4}$ $4 \cdot \frac{7}{9}$ $\frac{4}{9} \cdot 5$

L zu Nr. 4: $\frac{3}{8}$; $\frac{1}{10}$; $\frac{4}{15}$; $\frac{5}{24}$; $\frac{21}{80}$; $\frac{21}{100}$; $1\frac{4}{5}$; $1\frac{5}{16}$; $1\frac{11}{24}$; $2\frac{2}{9}$; $3\frac{1}{9}$; $3\frac{1}{9}$; $4\frac{3}{8}$; $5\frac{5}{6}$; $5\frac{1}{7}$; $6\frac{1}{4}$; $6\frac{2}{3}$; $6\frac{3}{10}$

Brüche multiplizieren

5 Ersetze die Platzhalter.

a)
$\frac{3}{4} \cdot \frac{\square}{5} = \frac{9}{20}$
$\frac{2}{3} \cdot \frac{\square}{7} = \frac{10}{21}$
$\frac{\square}{2} \cdot \frac{1}{9} = \frac{1}{18}$

b)
$\frac{4}{5} \cdot \frac{4}{\square} = \frac{16}{25}$
$\frac{7}{\square} \cdot \frac{7}{8} = \frac{49}{72}$
$\frac{3}{10} \cdot \frac{3}{\square} = \frac{9}{40}$

c)
$\frac{9}{9} \cdot \frac{\square}{\square} = \frac{18}{45}$
$\frac{5}{12} \cdot \frac{\square}{\square} = \frac{5}{36}$
$\frac{1}{2} \cdot \frac{\square}{\square} = \frac{1}{4}$

d)
$\frac{\square}{\square} \cdot \frac{5}{6} = \frac{35}{54}$
$\frac{\square}{\square} \cdot \frac{9}{20} = \frac{27}{100}$
$\frac{\square}{\square} \cdot \frac{7}{10} = \frac{28}{50}$

6 Rechne wie im Beispiel.
$\frac{14}{15} \cdot \frac{20}{21} = \frac{^2\cancel{14} \cdot \cancel{20}^4}{_3\cancel{15} \cdot \cancel{21}_3} = \frac{8}{9}$

Zuerst kürzen!

a) $\frac{8}{9} \cdot \frac{7}{12}$
$\frac{6}{7} \cdot \frac{2}{9}$

b) $\frac{5}{18} \cdot \frac{12}{25}$
$\frac{24}{25} \cdot \frac{15}{32}$

c) $\frac{21}{100} \cdot \frac{5}{14}$
$\frac{20}{81} \cdot \frac{18}{25}$

d) $\frac{14}{15} \cdot \frac{5}{8}$
$\frac{3}{10} \cdot \frac{5}{12}$

e) $\frac{9}{20} \cdot \frac{5}{9}$
$\frac{2}{3} \cdot \frac{3}{4}$

f) $\frac{7}{15} \cdot 6$
$8 \cdot \frac{5}{12}$

7 Berechne.
$\frac{3}{4}$ von $1\frac{4}{5}$ l $= \frac{3}{4} \cdot \frac{9}{5}$ l $= \frac{27}{20}$ l $= 1\frac{7}{20}$ l

a) $\frac{3}{4}$ von $1\frac{1}{3}$ l
$\frac{4}{5}$ von $2\frac{1}{2}$ l

b) $\frac{2}{3}$ von $4\frac{1}{2}$ l
$\frac{7}{8}$ von $3\frac{1}{5}$ l

c) $\frac{3}{10}$ von $4\frac{3}{4}$ l
$\frac{5}{8}$ von $7\frac{3}{10}$ l

d) $\frac{7}{20}$ von $6\frac{2}{5}$ l
$\frac{3}{100}$ von $5\frac{5}{6}$ l

8 Verwandle die gemischten Zahlen in Brüche und multipliziere.

a) $1\frac{1}{2} \cdot \frac{3}{4}$
$\frac{7}{10} \cdot 1\frac{1}{4}$

b) $2\frac{2}{3} \cdot \frac{3}{8}$
$3\frac{3}{10} \cdot \frac{5}{6}$

c) $3\frac{1}{3} \cdot 1\frac{4}{5}$
$5\frac{1}{4} \cdot 5\frac{1}{3}$

d) $8\frac{1}{10} \cdot 7\frac{2}{9}$
$6\frac{7}{8} \cdot 4\frac{6}{11}$

e) $12\frac{1}{2} \cdot 8\frac{2}{5}$
$16\frac{1}{3} \cdot 4\frac{2}{7}$

9 Obsthändler Wilkes kauft 750 kg Orangen. Davon kann er $\frac{2}{7}$ sofort verkaufen. Vom Rest muss er $\frac{1}{18}$ wegwerfen.

10 Ein Supermarkt hat 1200 m² Gesamtfläche. Auf $\frac{3}{5}$ der Fläche sind Waren aufgestellt. Von dieser Stellfläche entfallen $\frac{5}{8}$ auf Nahrungsmittel, $\frac{1}{4}$ auf Waschmittel und Kosmetika. Der Rest entfällt auf Haushaltswaren.
a) Berechne die Stellflächen für die einzelnen Warensorten.
b) Welchen Bruchteil der Gesamtfläche nehmen die einzelnen Warensorten ein?
c) Von den 12 Regalen der Waschmittel- und Kosmetikabteilung werden $\frac{9}{24}$ für herkömmliche Waschmittel und $\frac{1}{8}$ für Ökowaschmittel genutzt.

L zu Nr. 7 bis Nr. 10: $\frac{3}{20}$; $\frac{3}{40}$; $\frac{7}{40}$; $\frac{3}{14}$; $\frac{3}{8}$; $\frac{7}{8}$; 1; 1; $1\frac{17}{40}$; $1\frac{1}{8}$; $1\frac{1}{2}$; 2; $2\frac{4}{5}$; $2\frac{3}{4}$; $2\frac{6}{25}$; 3; $4\frac{9}{16}$; 6; 28; $29\frac{16}{21}$; $31\frac{1}{4}$; $58\frac{1}{2}$; 70; 90; 105; 180; 450; 720

Brüche dividieren

1 Der Saft soll in Gläser gefüllt werden. Wie viele Gläser erhält man jeweils? Vervollständige die Aufgaben in deinem Heft.

Rechnung: $2\,l : \frac{1}{2}\,l = 4$

Antwort: Man erhält 4 Gläser.

2 a) Wie viele Teilstücke erhält man? Ergänze die Divisionsaufgabe.

1) 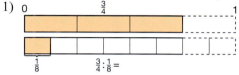 2)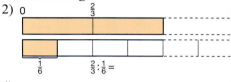

3) 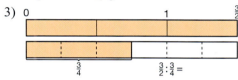 4)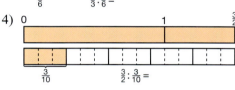

Bruch $\frac{2}{5}$

Kehrbruch $\frac{5}{2}$

b) Erkennst du eine Rechenregel? Vergleiche.

1) $\frac{3}{4} : \frac{1}{8}$ mit $\frac{3}{4} \cdot \frac{8}{1}$ 2) $\frac{2}{3} : \frac{1}{6}$ mit $\frac{2}{3} \cdot \frac{6}{1}$ 3) $\frac{3}{2} : \frac{3}{4}$ mit $\frac{3}{2} \cdot \frac{4}{3}$ 4) $\frac{3}{2} : \frac{3}{10}$ mit $\frac{3}{2} \cdot \frac{10}{3}$

So dividierst du durch einen Bruch:

Kehrbruch

$\frac{3}{4} : \frac{2}{5} = \frac{3}{4} \cdot \frac{5}{2} = \frac{15}{8} = 1\frac{7}{8}$

Mit dem Kehrbruch multiplizieren.

3

$8 = \frac{8}{1}$
Kehrbruch $\frac{1}{8}$

a) $\frac{2}{3} : \frac{7}{8}$ $\frac{4}{9} : \frac{7}{10}$ $\frac{8}{15} : \frac{5}{6}$ $\frac{3}{4} : \frac{4}{5}$

b) $\frac{3}{4} : \frac{4}{7}$ $\frac{7}{8} : \frac{3}{5}$ $\frac{5}{12} : \frac{8}{5}$ $\frac{4}{5} : \frac{3}{4}$

c) $3 : \frac{2}{9}$ $5 : \frac{2}{3}$ $10 : \frac{3}{4}$ $12 : \frac{11}{20}$

d) $4 : \frac{5}{8}$ $7 : \frac{2}{5}$ $15 : \frac{4}{7}$ $20 : \frac{9}{10}$

e) $\frac{9}{10} : 4$ $\frac{5}{6} : 3$ $\frac{3}{2} : 2$ $\frac{8}{15} : 5$

L zu Nr. 3: $\frac{8}{75}$; $\frac{9}{40}$; $\frac{25}{96}$; $\frac{5}{18}$; $\frac{40}{63}$; $\frac{16}{25}$; $\frac{3}{4}$; $\frac{16}{21}$; $\frac{15}{16}$; $1\frac{1}{15}$; $1\frac{5}{16}$; $1\frac{11}{24}$; $6\frac{2}{5}$; $7\frac{1}{2}$; $13\frac{1}{2}$; $13\frac{1}{3}$; $17\frac{1}{2}$; $21\frac{9}{11}$; $22\frac{2}{9}$; $26\frac{1}{4}$

Brüche dividieren

4 Wie oft ist die kleinere Flüssigkeitsmenge in der größeren enthalten?

a) $\frac{1}{2}$ l in 8 l   b) $\frac{1}{3}$ l in 15 l   c) $\frac{1}{4}$ l in $\frac{3}{2}$ l   d) $\frac{1}{2}$ l in $2\frac{1}{2}$ l   e) $\frac{1}{4}$ l in $3\frac{3}{4}$ l

$\frac{1}{4}$ l in 6 l $\frac{1}{8}$ l in 20 l $\frac{1}{8}$ l in $\frac{3}{4}$ l $\frac{1}{8}$ l in $1\frac{1}{2}$ l $\frac{1}{10}$ l in $4\frac{1}{2}$ l

5 Berechne wie im Beispiel.

Zuerst kürzen!

a) $\frac{8}{9} : \frac{7}{12}$ b) $\frac{3}{20} : \frac{9}{25}$ c) $9 : \frac{3}{5}$ d) $\frac{5}{12} : \frac{5}{6}$ e) $12 : \frac{9}{10}$

$\frac{11}{12} : \frac{7}{18}$ $\frac{14}{15} : \frac{7}{18}$ $10 : \frac{5}{6}$ $\frac{9}{20} : \frac{3}{20}$ $20 : \frac{8}{9}$

$\frac{3}{4} : \frac{5}{8}$ $\frac{4}{5} : \frac{2}{10}$ $35 : \frac{7}{12}$ $\frac{3}{20} : \frac{9}{20}$ $\frac{8}{9} : 6$

6 Verwandle die gemischten Zahlen zuerst in unechte Brüche.

$1\frac{1}{2} : \frac{1}{4} = \frac{3}{2} : \frac{1}{4}$

a) $1\frac{1}{2} : \frac{1}{4}$ b) $9 : 2\frac{1}{4}$ c) $12\frac{1}{2} : 1\frac{1}{4}$ d) $2\frac{7}{10} : 3$ e) $7\frac{5}{9} : 5\frac{2}{3}$

$2\frac{1}{4} : \frac{3}{8}$ $18 : 7\frac{1}{5}$ $12\frac{3}{4} : 2\frac{1}{8}$ $4\frac{4}{9} : 8$ $9\frac{3}{8} : 2\frac{1}{12}$

$3\frac{3}{5} : \frac{3}{10}$ $8 : 5\frac{3}{5}$ $9\frac{4}{5} : 2\frac{1}{3}$ $5\frac{5}{8} : 18$ $11\frac{5}{7} : 6\frac{5}{6}$

7 Berechne.

$\frac{1}{2}$	$\frac{7}{8}$	$\frac{5}{12}$	:	a) $\frac{1}{4}$	b) $\frac{7}{10}$	c) $1\frac{2}{3}$

$1\frac{3}{4}$	$2\frac{4}{5}$	$10\frac{1}{2}$	:	d) $\frac{7}{8}$	e) $2\frac{1}{10}$	f) $3\frac{1}{4}$

8 Einer Getränkeabfüllerei stehen Packungen mit folgendem Fassungsvermögen zur Verfügung:

$\frac{2}{10}$ l $\frac{1}{4}$ l $\frac{1}{3}$ l $\frac{4}{10}$ l $\frac{1}{2}$ l $\frac{3}{4}$ l   Es sollen 900 l (1200 l; 1500 l) abgefüllt werden.

Wie viele Packungen wären von jeder Sorte nötig?

9 a) Wie viele Tassen ergibt die volle Kanne?
b) Wie viele Tassen ergibt die halb gefüllte Kanne?

L zu Nr. 5 bis Nr. 9: $\frac{4}{27}$; $\frac{1}{4}$; $\frac{5}{16}$; $\frac{3}{10}$; $\frac{5}{12}$; $\frac{1}{2}$; $\frac{7}{13}$; $\frac{5}{9}$; $\frac{25}{42}$; $\frac{5}{7}$; $\frac{5}{6}$; $\frac{56}{65}$; $\frac{9}{10}$; $1\frac{1}{5}$; $1\frac{1}{4}$; $1\frac{1}{3}$; $1\frac{1}{3}$; $1\frac{3}{7}$; $1\frac{11}{21}$; $1\frac{2}{3}$; $1\frac{5}{7}$; 2; $2\frac{1}{10}$; $2\frac{5}{14}$; $2\frac{2}{5}$; $2\frac{1}{2}$; $3\frac{1}{5}$; $3\frac{3}{13}$; $3\frac{1}{3}$; $3\frac{1}{2}$; 4; 4; $4\frac{1}{5}$; $4\frac{1}{2}$; 5; 6; 6; 6; 6; 10; 12; 12; 12; 12; $13\frac{1}{3}$; 15; $22\frac{1}{2}$; 60; 1200; 1600; 1800; 2000; 2250; 2400; 2700; 3000; 3000; 3600; 3600; 3750; 4500; 4500; 4800; 6000; 6000; 7500

Sachsituationen

1 Katja hat im Billig-Markt eine Kiste Limonade eingekauft. In jeder Flasche sind drei Viertel Liter Limonade. Wie viel Liter hat sie vorrätig?

2 Der Nachmittagskaffee wird ausgeschänkt.
a) Wie viele Tassen ergibt die volle Kanne?
b) Die Kanne wird noch einmal zu drei Vierteln aufgefüllt.

3 Katja stellt am Abend noch aus fünf Päckchen Brauselimonade her. Wie viel Wasser muss sie in den Krug füllen?

4 Ein Billig-Markt hat eine Gesamtfläche von 1200 m². Auf $\frac{3}{5}$ der Fläche sind Waren aufgestellt. Von dieser Stellfläche entfallen $\frac{3}{5}$ auf Nahrungsmittel, $\frac{1}{4}$ auf Waschmittel und Kosmetika. Der Rest entfällt auf Haushaltswaren.
a) Berechne die Stellfläche für die einzelnen Warensorten.
b) Welchen Bruchteil der Gesamtfläche nehmen die einzelnen Warensorten ein?

5 Die Größe von Fahrradreifen wird in Zoll angegeben. Der Reifen hat einen Durchmesser von 28 Zoll und eine Breite von $1\frac{5}{8}$ Zoll.
Gib jeweils in Zentimeter an
(1 Zoll $\triangleq$ 2,54 cm).

Rennrad: 28 x $1\frac{1}{8}$ Sportrad: 27 x $1\frac{1}{4}$

Kinderrad: 24 x $1\frac{3}{4}$ Trekkingrad: 26 x $1\frac{9}{10}$

6 Der Schreiner verlangt für einen Quadratmeter Sperrholzplatte 24 EUR.

Bruchterme berechnen

1 Welche Zahl kommt bei dem Bruch-Slalom im Ziel an?

Klammer zuerst!

2
a) $\frac{3}{4} - (\frac{1}{8} + \frac{1}{2})$; $\frac{5}{6} - (\frac{2}{3} - \frac{4}{9})$
b) $\frac{5}{8} + (\frac{2}{3} - \frac{1}{4})$; $\frac{3}{4} + (\frac{5}{6} - \frac{1}{3})$
c) $18\frac{1}{2} - (7\frac{7}{10} + 2\frac{4}{5})$; $12\frac{1}{3} - (9\frac{1}{2} - 2\frac{1}{6})$
d) $8\frac{1}{5} + (4 - 1\frac{9}{10})$; $2\frac{1}{12} + (8\frac{1}{6} - 3\frac{1}{4})$

3 Schreibe auf einen Bruchstrich, kürze und multipliziere.
a) $\frac{7}{8} \cdot \frac{4}{9} \cdot \frac{3}{7}$
b) $\frac{7}{12} \cdot \frac{4}{7} \cdot \frac{3}{10}$
c) $\frac{2}{7} \cdot 14 \cdot \frac{3}{8}$
d) $1\frac{7}{25} \cdot \frac{5}{8} \cdot 3\frac{3}{4}$
e) $1\frac{1}{4} \cdot 15 \cdot 3\frac{1}{5}$

Punkt vor Strich

4
a) $\frac{3}{4} \cdot \frac{2}{9} + \frac{3}{8}$; $\frac{9}{10} : \frac{3}{5} - \frac{1}{2}$
b) $\frac{1}{2} + \frac{3}{4} \cdot 2$; $\frac{3}{10} - \frac{3}{5} : 4$
c) $\frac{2}{3} \cdot \frac{5}{8} + \frac{3}{4} : \frac{2}{3}$; $1\frac{2}{3} : \frac{5}{9} - \frac{4}{9} \cdot \frac{3}{4}$
d) $\frac{7}{10} + \frac{4}{5} \cdot \frac{3}{4} - \frac{2}{5}$; $3\frac{1}{2} - \frac{3}{20} - \frac{7}{8} : \frac{7}{12}$

5
a) $2 \cdot (\frac{3}{8} + \frac{1}{4})$; $(\frac{3}{4} - \frac{5}{12}) \cdot 3$
b) $\frac{4}{5} \cdot (1\frac{1}{3} + \frac{3}{4})$; $(3\frac{1}{6} - \frac{1}{2}) \cdot \frac{9}{10}$
c) $(1\frac{1}{2} - \frac{3}{8}) : 9$; $(1\frac{1}{5} + 2\frac{3}{10}) : \frac{1}{2}$
d) $7 : (\frac{3}{5} + \frac{1}{4})$; $1\frac{1}{10} : (7\frac{4}{5} - 2\frac{2}{3})$

6 Was gehört zusammen? Bestimme den Wert der Terme.

| a | $\frac{3}{5} \cdot \frac{5}{6}$ | b | $\frac{2}{3} : \frac{2}{9}$ | c | $\frac{2}{9} + \frac{2}{3}$ | d | $\frac{5}{6} - \frac{3}{5}$ |

| A | Subtrahiere $\frac{3}{5}$ von $\frac{5}{6}$. | B | Multipliziere $\frac{2}{5}$ mit $\frac{5}{6}$. |

| C | Dividiere $\frac{2}{3}$ durch $\frac{2}{9}$. | D | Addiere $\frac{2}{3}$ zu $\frac{2}{9}$. |

7 Schreibe einen Term und berechne ihn.
a) Addiere zu $\frac{11}{18}$ die Differenz der Brüche $5\frac{5}{9}$ und $1\frac{1}{6}$.
b) Subtrahiere die Summe der Brüche $1\frac{2}{3}$ und $2\frac{1}{4}$ von 4.
c) Multipliziere die Summe der Zahlen $1\frac{1}{2}$ und $2\frac{7}{8}$ mit 16.
d) Dividiere die Differenz aus den Zahlen $4\frac{9}{10}$ und $\frac{2}{5}$ durch 9.

L zu Nr. 2 und Nr. 5: $\frac{1}{8}$; $\frac{1}{8}$; $\frac{3}{14}$; $\frac{11}{18}$; 1; $1\frac{1}{24}$; $1\frac{1}{4}$; $1\frac{1}{4}$; $1\frac{2}{3}$; $2\frac{2}{5}$; 5; 7; 7, 8; $10\frac{3}{10}$; $8\frac{4}{17}$

Bist du fit?

1 a) Sandra spart für das Citybike. $\frac{2}{3}$ des Preises erhält sie von ihren Eltern. Den Rest muss sie selbst sparen.

b) Ihre Schwester spart auf Inline-Rollerblates. Sie kosten 135,60 €. $\frac{4}{5}$ des Preises fehlen ihr noch.

2

				a)	b)	c)
$1\frac{1}{2}$	$2\frac{3}{5}$	$\frac{3}{4}$	$3\frac{2}{3}$ +	$\frac{2}{5}$	$2\frac{9}{10}$	$4\frac{12}{20}$

				d)	e)	f)
$3\frac{5}{6}$	$4\frac{2}{3}$	$3\frac{7}{8}$	$2\frac{5}{12}$ −	$\frac{1}{4}$	$1\frac{7}{12}$	$2\frac{8}{24}$

3 a) $\frac{2}{3} + \frac{5}{6} + \frac{1}{2}$ b) $\frac{5}{6} + \frac{9}{14} + \frac{6}{7}$ c) $\frac{7}{9} + \frac{2}{5} + \frac{4}{15}$ d) $\frac{7}{12} + \frac{4}{9} + \frac{1}{4}$

$1\frac{7}{10} + \frac{3}{5} + 2\frac{1}{2}$ $3\frac{2}{7} + 1 + 2\frac{3}{14}$ $12 - 1\frac{3}{4} - \frac{4}{5}$ $8 - 1\frac{5}{6} - \frac{13}{15}$

$3\frac{4}{9} - \frac{11}{12} + \frac{1}{4}$ $7\frac{3}{8} - 4\frac{1}{12} + 3\frac{5}{6}$ $9\frac{1}{4} - 3\frac{1}{5} + 2\frac{7}{10}$ $10\frac{1}{35} - 1\frac{3}{5} + 2\frac{4}{7}$

4 Berechne. $\frac{1}{2}$ von $\frac{3}{4}$ m = $\frac{1}{2} \cdot \frac{3}{4}$ m = $\frac{1 \cdot 3}{2 \cdot 4}$ m = $\frac{3}{8}$ m

a) $\frac{2}{5}$ von $\frac{5}{8}$ km   b) $\frac{1}{4}$ von $\frac{5}{12}$ km   c) $\frac{1}{3}$ von $\frac{9}{10}$ kg   d) $\frac{2}{3}$ von $\frac{3}{8}$ kg

e) $\frac{3}{7}$ von $\frac{14}{15}$ m   f) $\frac{3}{4}$ von $\frac{2}{9}$ km   g) $\frac{7}{8}$ von $\frac{4}{21}$ t   h) $\frac{5}{3}$ von $\frac{9}{10}$ t

5 Eine eisenhaltige Quelle liefert in einer Stunde etwa 3000 Liter Mineralwasser. Wie viele Flaschen mit folgendem Fassungsvermögen können in dieser Zeit abgefüllt werden?

a) 2-*l*-Flasche   b) $\frac{1}{2}$-*l*-Flasche   c) $\frac{1}{3}$-*l*-Flasche   d) $\frac{2}{3}$-*l*-Flasche   e) $\frac{3}{4}$-*l*-Flasche

6 In einer Hühnerfarm werden 1800 Eier in drei Größen abgepackt. $\frac{1}{3}$ sind kleine Eier, $\frac{2}{5}$ sind mittelgroß. Der Rest besteht aus großen Eiern. Wie viele große Eier gibt es?

7

					a)	b)	c)
$\frac{5}{7}$	6	$\frac{9}{10}$	$\frac{3}{4}$	$2\frac{1}{6}$:	$\frac{1}{2}$	$\frac{3}{4}$	$\frac{9}{10}$

					d)	e)	f)
15	$\frac{7}{8}$	$\frac{10}{9}$	$3\frac{1}{3}$	$2\frac{1}{4}$:	$\frac{5}{2}$	$\frac{4}{9}$	$\frac{5}{6}$

8 Wandle um und kürze. $3\frac{3}{4} : 2\frac{1}{2} = \frac{15}{4} : \frac{5}{2} = \frac{\overset{3}{\cancel{15}} \cdot \overset{1}{\cancel{2}}}{\underset{2}{\cancel{4}} \cdot \underset{1}{\cancel{5}}} = \frac{3}{2} = 1\frac{1}{2}$

a) $1\frac{1}{2} : \frac{3}{4}$ b) $\frac{5}{6} : 1\frac{1}{3}$ c) $2\frac{1}{9} : \frac{5}{6}$ d) $\frac{3}{4} : 1\frac{1}{2}$ e) $1\frac{1}{4} : 1\frac{1}{8}$ f) $2\frac{1}{2} : 3\frac{1}{3}$ g) $6\frac{2}{3} : 3\frac{1}{6}$

9 a) $16 \cdot \frac{3}{4} : \frac{12}{2}$ b) $7 \cdot \frac{1}{5} : \frac{2}{5}$ c) $\frac{1}{3} \cdot \frac{1}{4} : \frac{1}{36}$ d) $\frac{5}{9} \cdot \frac{3}{11} : \frac{15}{22}$ e) $\frac{3}{7} \cdot \frac{5}{6} : \frac{9}{14}$

10 $\frac{3}{4}$ eines $8\frac{1}{2}$ km langen Radweges werden neu geteert. Wie viel Kilometer sind das?

3 Dezimalbrüche

Station 1 Dezimal-Poker

Übertrage die Brüche auf Chips oder Kronkorken. Mische die Chips und lege sie verdeckt hin. Jeder Spieler nimmt einen Chip auf. Auf das Kommando „Jetzt" deckt jeder Spieler seinen Chip auf. Der Spieler mit dem höchsten Wert behält seinen Chip und legt ihn ab.
Die anderen Chips werden wieder verdeckt hingelegt.

0,001	0,005	0,008	0,009	0,024	
0,036	0,05	0,08	0,2	0,25	0,3
0,4	0,5	0,7	0,8	0,9	1,02	1,05
1,005	1,008	1,1	1,2	1,4	1,8
2,02	2,04	2,08	2,1	2,2	2,4
2,5	2,8	3,01	3,05	3,5	4,2	4,8
5,0	10,1	10,05			

Station 6 Hausnummer

Spiel 1: Große Hausnummer
Jeder Spieler erhält einen Spielplan wie in der Abbildung. Klebe bei einem Zwölfer-Würfel die Felder 10, 11 und 12 ab und beschrifte sie mit 1, 2 und 3.
Es wird abwechselnd gewürfelt und die Ziffer in ein Feld des Spielplans eingetragen. Am Ende werden die Zahlen addiert. Die höchste Zahl gewinnt.

Spiel 2: Kleine Hausnummer.
Von der obersten Zahl werden die übrigen Zahlen subtrahiert. Die kleinste Zahl gewinnt. Bei einem negativen Ergebnis hast du verloren.

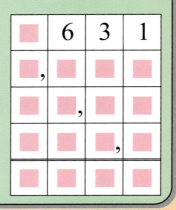

Station 5 Dezimal-Lotto

Übertrage den Spielplan auf eine Karteikarte DIN-A5 und die Lösungen auf Lösungskarten. Mische die Lösungskarten und lege sie verdeckt hin.
Ziehe abwechselnd mit deinem Spielpartner Lösungskarten und lege sie auf die entsprechenden Felder des Spielplanes.

0,008 km	0,75 m	5,8 t	0,330 km	$\frac{2}{5}$ l
$\frac{6}{10}$ kg	$1\frac{1}{4}$ hl	$9\frac{7}{100}$ m	704 g	4,05 m
8,20 €	3,25 l	0,14 €	0,65 t	$3\frac{6}{1000}$ kg
9,008 km	3,08 €	0,058 kg	$\frac{7}{100}$ m	0,06 m

Lösungskarten:

$5\frac{8}{10}$ t | $\frac{8}{1000}$ km | 0,4 l | $\frac{33}{1000}$ km | $\frac{75}{100}$ m | 0,6 kg | $9\frac{8}{1000}$ km | $\frac{6}{100}$ m

$8\frac{2}{10}$ € | $\frac{14}{100}$ € | $3\frac{1}{4}$ l | $\frac{65}{100}$ t | $4\frac{5}{100}$ m | 1,25 hl | 0,704 kg | 9,07 m

$3\frac{8}{100}$ € | 0,07 m | $\frac{58}{1000}$ kg | 3,006 kg

Übungszirkel: Dezimalbrüche

Station 2   Ab auf Null
(Taschenrechner-Spiel)

Es wird eine Startzahl in einen Taschenrechner eingegeben. Zwei Spieler subtrahieren abwechselnd. Dabei darf man immer nur eine Stelle bei jedem Schritt verändern. Gewonnen hat, wer als erster die 0 erreicht. Verfolge das Beispiel.
Startzahlen für weitere Spiele: 89,259
72,1686
59,35943

Beispiel:

Startzahl:	87,367
Eingaben	Anzeige
Mä – 7	80.367
Ju – 80	0.367
Mä – 0,06	0.307
Ju – 0,1	0.207
Mä – 0,006	0,201
Ju – 0,2	0,001
Mä – 0,001	0

Station 3   Elfmeterschießen
(Taschenrechner-Spiel)

Übertrage die Zahlen auf Kärtchen. Lege sie gemischt auf einen Stapel. Die oberste Zahl wird aufgedeckt und in den Taschenrechner eingegeben. Diese Karte wird dann zuunterst gelegt und die nächste Karte aufgedeckt. Der Mitspieler muss durch eine einzige Multiplikation die Zahl der zweiten Karte erreichen, sonst ist der andere Spieler beim Elfmeterschießen dran. Für jeden Treffer wird ein Tor gezählt.

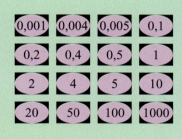

Station 4   Wir wandern
Suche den kürzesten (längsten) Weg zum Wanderziel.

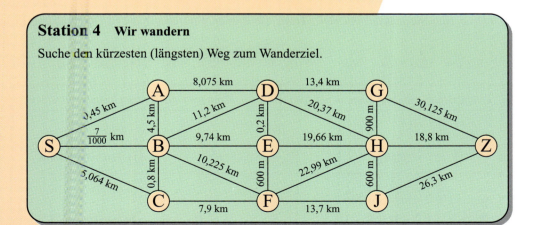

Brüche und Dezimalbrüche

100-m-Endlauf der Frauen, Sydney 2000

Tanya Lawrence	JAM	11,18
Zhanna Pintusewitsch	UKR	11,20
Merlene Ottey	JAM	11,19
Marion Jones	USA	10,75
Chandra Sturrup	BAH	11,21
Ekaterini Thanou	GRE	11,12
Debbie Ferguson	BAH	11,29
Sevatheda Fynes	BAH	11,22

1 a) Du siehst die Siegerin im Bild – Wer ist es? In welcher Reihenfolge haben die Endlaufteilnehmerinnen das Ziel erreicht?
b) Was bedeuten die Stellen vor und hinter dem Komma?
c) Schreibe die übrigen Zeiten wie im Beispiel.

Weltrekord: Florence Griffith-Joyner 10,49 s (1988)

Hunderter	Zehner	Einer	Zehntel	Hundertstel	Tausendstel
100	10	1	$\frac{1}{10}$	$\frac{1}{100}$	$\frac{1}{1000}$
	1	0	7	5	

d) Vergleiche jeweils mit der Zeit der Siegerin. Gib den Zeitunterschied an.

Beispiel: Die Zweite liegt 37 Hundertstel (0,37 oder $\frac{37}{100}$) zurück.

2 Erkläre die Kommaschreibweise (Dezimalschreibweise) anhand der Stellentafel.

Bruch	T	H	Z	E	z	h	t	Dezimalbruch	lies:
$\frac{9}{10}$				0,	9			0,9	null Komma neun
$\frac{6}{100}$				0,	0	6		0,06	null Komma null sechs
$14\frac{12}{1000}$			1	4,	0	1	2	14,012	vierzehn Komma null eins zwei
$\frac{78}{100} = \frac{70}{100} + \frac{8}{100} = \frac{7}{10} + \frac{8}{100}$				0,	7	8		0,78	null Komma sieben acht
$\frac{21}{10} = \frac{20}{10} + \frac{1}{10} = 2 + \frac{1}{10}$				2,	1			2,1	zwei Komma eins

3 Zeichne eine Stellentafel ins Heft. Trage die Zahlen ein und gib sie in Dezimalschreibweise an.

a) $\frac{6}{10}$ $\frac{7}{100}$ $\frac{3}{1000}$ $\frac{12}{100}$ $\frac{254}{1000}$
b) $\frac{14}{10}$ $\frac{26}{10}$ $\frac{119}{100}$ $\frac{3578}{1000}$ $\frac{5446}{1000}$
c) $7\frac{6}{100}$ $3\frac{18}{100}$ $8\frac{24}{1000}$

> Einen Bruch mit dem Nenner 10, 100, 1000, … kann man als Dezimalbruch schreiben.
>
> $\frac{1}{10} = 0{,}1$ $\frac{1}{100} = 0{,}01$ $\frac{1}{1000} = 0{,}001$
>
> $\frac{6}{10}$ cm = 0,6 cm $\frac{48}{100}$ m = 0,48 m $\frac{59}{1000}$ km = 0,059 km

4 Schreibe als Dezimalbruch.

a) $\frac{8}{10}$ $2\frac{6}{10}$ $3\frac{9}{10}$ $\frac{39}{10}$ $\frac{56}{10}$ $\frac{115}{10}$
b) $\frac{75}{100}$ $\frac{99}{100}$ $\frac{4}{100}$ $5\frac{36}{100}$ $8\frac{19}{100}$ $10\frac{17}{100}$
c) $9\frac{14}{100}$ $10\frac{7}{100}$ $20\frac{3}{100}$ $30\frac{8}{100}$ $40\frac{4}{100}$
d) $\frac{707}{1000}$ $\frac{77}{1000}$ $\frac{42}{1000}$ $1\frac{5}{1000}$ $2\frac{56}{1000}$ $3\frac{65}{1000}$

Brüche und Dezimalbrüche 33

5 Gib in Kommaschreibweise an.

a) $\frac{12}{100}$ € $\frac{97}{100}$ € $\frac{3}{100}$ € $10\frac{37}{100}$ €   b) $\frac{65}{100}$ m $\frac{17}{100}$ m $8\frac{91}{100}$ m $\frac{3}{100}$ m $\frac{9}{100}$ m

c) $\frac{385}{1000}$ kg $\frac{905}{1000}$ kg $\frac{35}{1000}$ kg $2\frac{67}{1000}$ kg   d) $\frac{920}{1000}$ km $\frac{35}{1000}$ km $\frac{8}{1000}$ km $1\frac{95}{1000}$ km

e) $\frac{3}{10}$ m $\frac{17}{10}$ m $1\frac{9}{10}$ m $5\frac{7}{100}$ m $10\frac{1}{100}$ m   f) $\frac{3}{10}$ kg $2\frac{7}{10}$ kg $\frac{12}{100}$ kg $20\frac{9}{100}$ kg $\frac{305}{100}$ kg

6 a) Wie viel fehlt bei den Gläsern und Packungen bis zu einem Liter?
b) Wie oft passt der Inhalt in den Literkrug? Gib den Inhalt in Bruchschreibweise an.

7 Gib in Bruchschreibweise an. Wie viel fehlt zum nächsten ganzen Liter oder Kilogramm?

8 Wie viel fehlt bis zum nächsten Kilometer?

| 1,750 km | 3,260 km | 2,075 km | 25,6 km | 8,04 km |

9 Erweitere auf einen Bruch mit dem Nenner 10, 100, 1000 und gib als Dezimalbruch an.

$\frac{3}{4} = \frac{75}{100}$
$= 0{,}75$

a) $\frac{1}{2}$ $\frac{1}{5}$ $\frac{3}{5}$ $\frac{4}{5}$ b) $\frac{1}{10}$ $\frac{6}{10}$ $\frac{1}{20}$ $\frac{7}{20}$ $\frac{13}{20}$ c) $\frac{1}{4}$ $\frac{3}{4}$ $\frac{1}{25}$ $\frac{9}{25}$ $\frac{14}{25}$

d) $\frac{3}{50}$ $\frac{17}{50}$ $\frac{8}{250}$ $\frac{15}{250}$ e) $\frac{1}{8}$ $\frac{3}{8}$ $\frac{5}{8}$ $1\frac{1}{8}$ $3\frac{7}{8}$ f) $1\frac{1}{2}$ $3\frac{2}{4}$ $5\frac{2}{5}$ $4\frac{9}{20}$

10 Schreibe als Bruch.
a) 0,7   0,3   0,09   0,07   0,132   0,679   b) 0,12   0,47   0,583   0,054   0,086   0,093
c) 2,7   1,9   3,02   4,07   9,426   10,085   d) 8,6   3,25   4,050   6,125   5,75   9,250

11 Schreibe als gemischte Zahl und als Bruch. $2{,}47\text{ m} = 2\frac{47}{100}\text{ m} = \frac{247}{100}\text{ m}$

a) 1,12 m   2,56 m   4,81 m   0,93 m   b) 8,06 €   4,09 €   0,12 €   0,04 €
c) 0,608 kg   0,879 kg   1,245 kg   4,055 kg   d) 0,095 t   10,074 t   3,008 t   2,007 t

Vier Wanderer kamen an einen Fluss, dessen Brücke eingestürzt war. Da bemerkten sie am Ufer zwei Jungen mit einem Boot. Das Boot war aber so klein, dass damit immer nur ein Erwachsener oder zwei Jungen übersetzen konnten.
Wie kamen alle vier Wanderer über den Fluss?

Dezimalbrüche erweitern und kürzen

Bei Dezimalbrüchen ist das Kürzen und Erweitern leicht.

Erweitern

$\frac{4}{10} = \frac{40}{100} = \frac{400}{1000}$

$0,4 = 0,40 = 0,400$

Kürzen

$\frac{500}{1000} = \frac{50}{100} = \frac{5}{10}$

$0,500 = 0,50 = 0,5$

Bei Dezimalbrüchen dürfen Endnullen angehängt oder fortgelassen werden.

1 Kürze so weit wie möglich.
a) 0,800   0,404   0,80   0,0040   0,08
b) 0,60   0,606   6,060   0,600   0,0600
c) 0,70   7,07   7,0070   7,0700   70,70
d) 3,01   0,3010   30,90   3,0900   3,031

2 Welche Zahlen sind gleich?
a) 32,60   32,060   32,600   32,06
b) 19,02   19,20   19,200   19,020
c) 10,40   104,0   10,400   1,0400
d) 20,04   20,40   2,004   20,040

3 Vergleiche die Zahlen. Setze <, > oder =.
a) 9,70 ■ 9,68
0,415 ■ 0,406
0,523 ■ 0,519

b) 30,5 ■ 30,09
8,210 ■ 8,102
10,06 ■ 10,060

c) 11,101 ■ 11,11
10,01 ■ 10,10
9,909 ■ 9,91

d) 60,41 ■ 60,05
0,408 ■ 0,480
100,4 ■ 100,401

4 Ordne der Größe nach.
a) 7,25   7,025   7,52   7,052
b) 3,007   3,407   3,704   3,740
c) 18,084   18,408   18,048   18,840
d) 20,006   20,60   20,06   20,6
e) 8,406   8,64   8,046   8,460
f) 10,103   10,31   10,130   10,013

5 Ordne nach der Größe.
a) Einkäufe

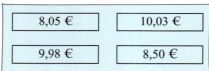

b) Fahrstrecken

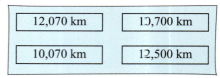

c) Länge von Brettern

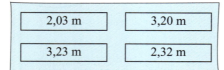

d) Gewicht von Bananen

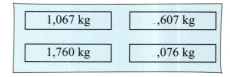

6 Vergleiche die Längen. Setze eines der Zeichen <, > oder =.
a) 5,035 km und 5350 m
b) 0,098 km und 98 m
c) 7480 cm und 7,50 m
d) 25,52 dm und 252,5 cm
e) 3705 dm und 37,5 m
f) 20 500 mm und 20,5 m

7 Ordne der Größe nach. Beginne mit dem leichtesten Gewicht.
a) 2700 kg; 2,75 t; 2 t 70 kg
b) 0,73 kg; 735 g; 7,03 kg
c) 8008 g; 8,8 kg; 8,08 kg
d) 0,072 t; 702 kg; 72,5 kg
e) 1,25 g; 2150 mg; 0,01 kg
f) 3,05 kg; 0,003 t; 350 g

Dezimalbrüche addieren und subtrahieren

1 Die Klasse 7 der Hauptschule in Herrenberg bei Stuttgart fährt ins Deutsche Museum nach München. Im Streckenverzeichnis der Deutschen Bahn stellen die Schüler die Entfernungen fest. Wie viel Kilometer sind die Schülerinnen und Schüler mit der Bahn unterwegs?

2 Als Reiseverpflegung haben Jutta und Birgit Äpfel für 3,99 Euro, Getränke für 2,65 Euro, Kekse für 1,89 Euro sowie Süßigkeiten für 99 ct und für 89 ct eingekauft. Sie bezahlen mit einem 20-Euro-Schein. Wie viel Geld erhalten sie zurück?

3 a) Plant für eure Klasse eine Besichtigungsfahrt. Informiert euch bei der Bundesbahn über den Streckenverlauf, die Entfernung und die Fahrtzeit.
b) Wie teuer wird die Fahrt für jeden Schüler und jede Schülerin?

Beispiele

Addieren

```
    2 7 , 5 4 6
+       1 , 0 2 4
+ 1 6 4 , 6 1 3
    1 1   1
  1 9 3 , 1 8 3
```

Subtrahieren

```
  4 6 7 , 5 7 2
-   6 8 , 2 9 0
      1   1
  3 9 9 , 2 8 2
```

4 Schreibe richtig untereinander. Prüfe mit dem Taschenrechner.

a) 164,7 + 23,6
b) 234,75 + 89,64
c) 45,069 + 186,472
d) 19,75 − 4,58
e) 84,054 − 6,368
f) 59,020 − 26,843

5 a) 5,9 km + 46,325 km
b) 184,42 km + 57,857 km
c) 14,028 km + 86,79 km
d) 98,25 km − 27,647 km
e) 272,7 km − 88,743 km
f) 152,4 km − 68,514 km

6 Ergänze
a) zu 1:   0,7   0,84   0,235   0,09   0,003   0,472   0,560   0,30
b) zu 10:   1,2   9,8   2,73   8,47   3,482   1,999   5,111   8,470
c) zu 100:   59,4   89,2   34,7   32,08   61,004 70,035 85,006 9,008
d) zu 1000: 121,7 234,3 88,6   99,003 882,03 83,04   12,119 108,064

7 a) 86,49 + 75,523 + 6,4 + 0,892
18,4 + 5,006 + 98,7 + 4,35
10,21 + 0,9 + 100,53 + 1,004

b) 76,02 + 4,9 + 0,499 + 9,34
27,8 + 9,042 + 89,68 + 32,6
180,7 + 132,52 + 44,786 + 6,9

8 a) 3,75 + 0,03 − 2,6 + 9,251 − 6,3
14,1 − 10,97 − 0,598 + 8,765 − 0,7

b) 0,5437 + 0,00875 − 0,3007 − 0,09
0,008 + 8 − 8,0808 + 0,808 − 0,08

L zu Nr. 7 und Nr. 8: 90,759; 112,674; 126,456; 159,122; 169,305; 364,906; 0,6552; 0,16175; 4,131; 10,597

Dezimalbrüche addieren und subtrahieren

1 Rechne ohne umzuwandeln.
   a) 2,25 m + 0,87 m   b) 86,7 cm + 121 cm   c) 17,354 km − 8,750 km
       3,7 m + 1,58 m   250 cm − 95,8 cm   136,8 km − 27,445 km
       18 m + 4,37 m   178 cm + 34,7 cm   500 km − 498,725 km

2 Ergänze.
   a) zu 10 kg: 3,7 kg   1,250 kg   8,76 kg   9,056 kg   0,8 kg   0,375 kg   0,825 kg
   b) zu 500 €:   295,50 €   483,27 €   53,80 €   10,08 €   1,2 €   0,38 €
   c) zu 1 t: 0,75 t   0,824 t   0,107 t   0,056 t   0,901 t   0,498 t   0,007 t   0,275 t
   d) zu 100 m: 18,3 m   54,05 m   99,05 m   10,12 m   90,09 m   0,75 m   0,06 m

3 Die Waage zeigt das Gesamtgewicht an. Wie viel Tonnen Weizen liegen auf dem Anhänger?

4 Ein Lastwagen wiegt leer 2,78 t, sein Anhänger 1,173 t. Wie viel Tonnen Kies können sie transportieren, wenn das Gesamtgewicht des Lastzuges 40 t nicht überschreiten darf?

5 Cornelia und ihr Großvater liefern Äpfel in der Süßmosterei ab. Cornelia schreibt das Gewicht der Säcke auf: 12,74 kg; 18,08 kg; 24,3 kg; 20,82 kg; 16,51 kg; 27,93 kg. Wie viel Kilogramm Äpfel liefern sie ab?

6 Verwandle in die größere Einheit und rechne.
   a) 4,37 m + 75 cm   b) 1,325 kg + 900 g   c) 12 km − 3150 m
       21,04 m − 130 cm   14,6 kg + 1270 g   7,02 km + 80 m
       86 cm + 0,94 m   5,1 kg − 85 g   3520 m − 0,87 km

7 a) 1,8 t + 630 kg + 2,07 t   b) 8,41 t + 96 kg − 2,718 t
   c) 43,2 dm − 1,54 m − 78 cm   d) 198 mm − 0,75 dm + 3,8 cm
   e) 10,24 g − 98 mg + 0,105 g   f) 0,072 kg + 844 g − 0,91 kg

8 Mit dem Bau eines 8,830 km langen Eisenbahntunnels wird auf beiden Seiten eines Berges gleichzeitig begonnen. Nach zwei Monaten ist der Stollen auf der einen Seite 1,132 km lang. Auf der Gegenseite hat eine andere Maschine 1,820 km geschafft.
   a) Wie viel km Stollen müssen noch ausgefräst werden?
   b) Wie viele Monate dauert es ungefähr noch, bis der Stollen fertig ist?

9 Herr Otto erneuert die Latten an seinem Schuppen.
   a) Wie viel Meter Latten benötigt er?
   b) Im Baumarkt gibt es Latten mit 2,70 m Länge. Wie viele Latten muss er kaufen? Wie viel Abfall bleibt?

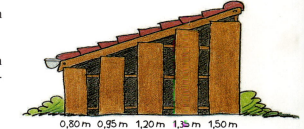

Dezimalbrüche multiplizieren

1 a) 0,7 · 10   b) 0,07 · 100   c) 2,3 · 100   d) 4,8 m · 10   e) 14,65 m · 100
       3,1 · 10   0,04 · 100   0,6 · 100   20,9 km · 100   41,45 km · 1000
       0,62 · 10   0,106 · 100   8,7 · 100   2,375 kg · 1000   4,85 m · 1000

2

Walter und Gabi kaufen zum Schulbeginn ein.

10 Hefte, 3 Kugelschreiber	10 Farbstifte, 8 Hefte
6 Farbstifte, 4 Bleistifte	12 Tintenpatronen, 2 Bleistifte
2 Zeichenblöcke	1 Zeichenblock

a) Überschlage, ob ein 10-Euro-Schein jeweils ausreicht. Berechne.
b) Für die Mitschüler kaufen sie zusätzlich 30 Hefte für Klassenarbeiten ein. Sie bezahlen mit einem 50-Euro-Schein. Wie viel Geld erhalten sie zurück?

18,78 · 59 = ■
Überschlag:
20 · 60 = 1200

```
  1 8,7 8 · 5 9
      9 3 9 0
    1 6 9 0 2
  1 1 0 8,0 2
```

3 a) 1,8 · 15   b) 23 · 1,67   c) 0,067 · 12   d) 104 · 0,785   e) 209 · 0,047
        9,7 · 18   39 · 3,72   1,063 · 18   126 · 0,073   350 · 0,208
        14,325 · 13   19 · 0,861   37,02 · 27   300 · 0,304   800 · 0,0027
        212,9 · 14   43 · 9,348   0,0428 · 9   400 · 0,026   300 · 0,502
        371,6 · 16   22 · 2,743   0,0435 · 8   500 · 0,031   400 · 0,063

4 a) Dagmar bringt zwei Blusen und einen Rock zur Reinigung.
       b) Herr Nolden lässt einen Anzug, ein Kleid und zwei Hosen reinigen.
       c) Die Verkäuferin stellt die Rechnung für Frau Werner zusammen: Zwei Blusen, drei Hosen, ein Kleid, ein Anzug, vier Hemden. Frau Werner bezahlt mit einem 50-Euro-Schein.

Dezimalbrüche multiplizieren

1 Zum Verzieren ihrer Schürze benötigt Fatma 2,15 m Borte. Überschlage den Preis und berechne. Runde sinnvoll.

Achte auf das Komma!

$28{,}6 \cdot 4{,}73 = \square$

Überschlag: $30 \cdot 5 = 150$

```
  2 8,6 · 4,7 3
    1 1 4 4
  2 0 0 2
      8 5 8
  1 3 5,2 7 8
```

2 Überschlage zuerst.
a) $8{,}5 \cdot 4{,}2$ b) $5{,}6 \cdot 9{,}5$ c) $4{,}8 \cdot 0{,}4$ d) $8{,}6 \cdot 9{,}9$ e) $1{,}8 \cdot 7{,}6$
$0{,}4 \cdot 6{,}8$ $9{,}4 \cdot 5{,}3$ $8{,}7 \cdot 0{,}9$ $9{,}3 \cdot 0{,}8$ $0{,}6 \cdot 7{,}5$

3
a) $3{,}2 \cdot 5{,}04$ b) $13{,}65 \cdot 0{,}8$ c) $0{,}09 \cdot 9{,}01$ d) $0{,}7 \cdot 0{,}8$ e) $8{,}06 \cdot 9{,}02$
$4{,}23 \cdot 2{,}34$ $25{,}46 \cdot 0{,}05$ $0{,}53 \cdot 7{,}08$ $0{,}6 \cdot 0{,}06$ $8{,}71 \cdot 6{,}005$
$2{,}7 \cdot 0{,}072$ $27{,}8 \cdot 0{,}07$ $0{,}014 \cdot 8{,}005$ $0{,}02 \cdot 0{,}05$ $0{,}007 \cdot 0{,}006$

4 Familie Reuter lässt das Treppenhaus streichen. Malermeister Schäfer berechnet 32,48 m² Wandfläche. Er verlangt für einen Quadratmeter 28,50 Euro.

5 Familie Hiesl ist umgezogen. Für die Wohnzimmerfenster müssen neue Gardinen angeschafft werden. Ermittle die Rechnungssumme in deinem Heft.

Textilien – Heissenberg

Menge (m)	Ware	Meterpreis (Euro)	Euro
3,15	Schiene	1,00	
8,50	Gardine Nr. 0432	1,40	
6,45	Deko-Stoff Nr. 1811	2,60	
11,20	Gardinenband	0,85	

Rechnungssumme

6 In ihrer neuen Wohnung legt Familie Willnauer die Zimmer mit Teppichboden aus. Der Quadratmeter kostet 24 Euro. Überschlage zuerst. Berechne den Gesamtpreis

	Länge	Breite
Wohnzimmer	5,20 m	4,80 m
Kinderzimmer 1	3,75 m	2,64 m
Kinderzimmer 2	3,64 m	4,25 m
Schlafzimmer	4,40 m	3,65 m

L zu Nr. 2 bis Nr. 6: 1,92; 2,72; 4,5; 7,44; 7,83; 13,68; 35,7; 49,82; 53,2; 85,14; 0,001; 0,000042; 0,036; 0,11207; 0,1944; 0,56; 0,8109; 1,273; 1,946; 3,7524; 9,8982; 10,92; 16,128; 52,30355; 72,7012; 360,49; 925,68; 1593,36

Dezimalbrüche dividieren

1 Das geht „im Kopf"
a) 5,6 : 10
   3,7 : 10
   10,6 : 10
b) 0,3 : 10
   0,7 : 10
   0,04 : 10
c) 112,4 : 100
   198 : 100
   83 : 100
d) 7,4 : 100
   8,9 : 100
   0,4 : 100
e) 1245 : 1000
   388 : 1000
   46 : 1000

2 Lohnt sich der Kauf eines 10er-Packs? Wie hoch ist jeweils der Einzelpreis einer Kassette?

Audio-Kassetten
10er Pack 18,40 €
5er Pack 9,95 €
3er Pack 6,20 €

94,24 : 4 = ■

Überschlag: 100 : 4 = 25

3 Berechne und führe die Probe durch.
a) 9,2 l : 4
   7,8 l : 3
   17,4 l : 6
b) 4,95 € : 3
   12,25 € : 5
   14,24 € : 4
c) 19,2 m : 16
   26,6 m : 19
   75,6 m : 21
d) 72 kg : 15
   78,2 kg : 17
   106,2 kg : 18
e) 190,4 km : 28
   259,2 km : 36
   266,8 km : 23

4
a) 0,192 : 6
   0,384 : 8
   0,469 : 7
b) 1,032 : 12
   0,784 : 14
   2,314 : 26
c) 42 : 60
   45 : 50
   12,6 : 35
d) 72,89 : 74
   4,752 : 99
   83,42 : 86
e) 66,528 : 72
   55,062 : 63
   62,109 : 67

5 Ina möchte wissen, wie dick und wie schwer ein Blatt Papier ist.
  a) Bei einem Paket mit 500 Blatt misst sie eine Höhe von 4,8 cm.
  b) Sie legt 25 Blatt auf die Briefwaage und liest 120 g ab.

6 An einem Straßenstück werden auf 229,5 m die Leitplanken erneuert. Es werden 27 Planken montiert. Wie lang ist eine Leitplanke?

7 In welchem Abstand wurden die Löcher in die Schienen gebohrt?

a) 49,2 cm   b) 59 cm

L zu Nr. 4 bis Nr. 7: 0,032; 0,048; 0,056; 0,067; 0,086; 0,089; 0,0096; 0,36; 0,048; 0,7; 0,874; 0,9; 0,924; 0,927; 0,97; 0,985; 4,8; 8,5; 11,8; 12,3

Dezimalbrüche dividieren

1 Zur Verzierung eines Hutes benötigt jede Schülerin und jeder Schüler 1,45 m Satinband. Die Werklehrerin, Frau Fröbe, hat noch 18,85 m auf der Rolle übrig. Für wie viele Schüler reicht das Satinband?

Die zweite Zahl darf kein Komma haben.

```
18,62 : 2,8 =          Überschlag:
                       18 : 3 = 6
186,2 : 28 = 6,65
-168                   Probe:
  182   Komma          6,65 · 2,8
 -168   setzen          1330
    140                 5320
   -140                18,620
      0
```

```
29,4 : 0,56 =          Probe:
Null anhängen!         52,5 · 0,56
                        2625
2940 : 56 = 52,5        3150
-280                   29,400
  140
 -112
   280   Komma
  -280   setzen
     0
```

2 Berechne. Mache die Probe.

a) 5,1 : 1,7
3,6 : 1,2
1,44 : 1,2
1,17 : 1,3
1,36 : 1,7

b) 0,85 : 0,17
1,02 : 0,6
2,4 : 0,08
9,5 : 0,19
4,2 : 0,07

c) 45,9 : 5,4
2,25 : 7,5
27,665 : 0,25
91,8 : 1,8
0,361 : 0,19

d) 27,914 : 8,21
32,49 : 7,6
9,45 : 0,54
4,68 : 0,624
94,6 : 0,043

3 Vergleiche und erkläre.

a) 360 : 90
36 : 9
3,6 : 0,9

b) 560 : 70
56 : 7
5,6 : 0,7

c) 720 : 80
72 : 8
7,2 : 0,8

d) 480 : 40
48 : 4
4,8 : 0,4

e) 1080 : 90
108 : 9
10,8 : 0,9

4 Rechne im Kopf. Notiere nur das Ergebnis.

a) 0,9 : 0,3
0,9 : 3

b) 0,6 : 0,2
0,6 : 2

c) 0,7 : 0,7
0,7 : 7

d) 0,56 : 0,8
0,56 : 8

e) 0,36 : 0,4
0,36 : 4

5 3,6) : 0,5) : 8) : 1,5) : 0,6) : 2,5) : 0,8

6 a) Für den Unterricht in der AG „Tonarbeiten" sind noch 14,5 kg Ton zum Verarbeiten übrig. Jeder Schüler benötigt für sein Gefäß 0,650 kg. Für wie viele Schüler reicht der Ton?
b) Ein Arbeitstisch im Werkraum hat eine Fläche von 1,41 m^2. Er ist 1,88 m lang. Wie breit ist der Tisch?
c) Die Klasse 7e will ihre Webbilder mit Holzleisten aufhängen. Pro Bild wird ein 0,35 m langer Holzstab benötigt. Für wie viele Schüler reicht ein 3,45 m langer Holzstab? Wie lang ist der Rest?

L zu Nr. 5 und Nr. 6: 0,5; 0,75; 9; 22; 30

Dezimalbrüche dividieren

1
a) 40,8 : 0,8   b) 7,08 : 0,02   c) 64,08 : 1,2   d) 427,2 : 4,8   e) 7,14 : 0,6
   21,6 : 0,4   4,752 : 0,06   56,55 : 1,5   49,368 : 0,24   134,328 : 0,08
   34,3 : 0,7   8,105 : 0,05   159,75 : 2,5   34,965 : 3,5   17,276 : 0,14

2
a) Kleine Schrauben werden nicht gezählt, sondern gewogen. Eine Schraube wiegt 1,9 g. Wie viele Schrauben liegen auf der Waage?
b) Wie viel Gramm wiegen 10, 100, 1000, 10 000 Schrauben?
c) Was ist eine Schlitzschraube, was ist eine Kreuzschraube?

3
a) 6,3 : 0,7   b) 3,2 : 0,4   c) 7,5 : 2,5   d) 0,36 : 0,04   e) 1,25 : 0,25
   8,1 : 0,9   6,4 : 0,8   8,4 : 1,4   0,56 : 0,07   0,72 : 0,18
   4,2 : 0,6   12,5 : 0,5   13,5 : 1,5   0,63 : 0,09   8,25 : 0,75

4 Beispiel: 3,5 : 0,007 = 3500 : 7 = 500

a) 2,4 : 0,04	b) 4,9 : 0,07	c) 7,2 : 0,008	d) 0,78 : 0,006	e) 16,8 : 0,007
4,8 : 0,06	6 : 0,05	0,48 : 0,004	9 : 0,008	14,4 : 0,0008
3,6 : 0,09	88 : 0,008	0,09 : 0,003	2,25 : 0,005	2,7 : 0,0003

5 Dividiere. Führe die Probe durch.
a) 3,9 : 1,5   b) 5,76 : 1,8   c) 7,75 : 2,5   d) 12,58 : 3,7   e) 24,44 : 5,2
   6,11 : 1,3   7,31 : 1,7   15,68 : 3,2   26,84 : 4,4   37,17 : 6,3
   10,32 : 1,2   10,64 : 1,4   18,85 : 2,9   38,16 : 5,3   76,54 : 8,9

6
a) 26,91 : 11,5   b) 5,022 : 1,08   c) 7,5555 : 2,07   d) 1,1096 : 0,304   e) 0,69179 : 0,209
   2,5168 : 1,43   7,6704 : 2,04   7,6677 : 1,83   8,2485 : 0,0195   0,82176 : 0,0192
   24,3 : 10,8   1,7261 : 0,205   7,8 : 0,208   0,8606 : 0,026   1,12024 : 0,0209

7 Ein 5-Cent-Stück wiegt 3,9 g. Wie viele 5-Cent-Stücke liegen in einer Waagschale, wenn die Waage 643,5 g anzeigt?

8 Ein Zaun ist 271,95 m lang. Er wird aus Stücken von 1,85 m Länge zusammengesetzt. Wie viele Stücke werden benötigt.

L zu Nr. 5 bis Nr. 8:   1,76; 2,25; 2,34; 2,6; 3,1; 3,2; 3,31; 3,4; 3,65; 3,65; 3,76; 4,19; 4,3; 4,65; 4,7; 4,7; 4,9; 5,9; 6,1; 6,5; 7,2; 7,6; 8,42; 8,6; 8,6; 33,1; 37,5; 42,8; 53,6; 147; 165; 423;

Alle vollen Gläser sollen links stehen, alle leeren Gläser rechts. Dazwischen darf keine Lücke sein. Und nur zwei Gläser darf man anfassen.

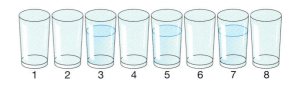

Dezimalbrüche runden

Runde auf Zehntel:
85,647 ≈ 85,6
runde ab

Runde auf Tausendstel:
0,9428 ≈ 0,943
runde auf

1 Runde auf die angegebene Stelle:
a) auf Zehntel: 25,47   8,09   154,71   0,426   11,508   60,04   0,452
b) auf Hundertstel: 32,438   0,572   78,005   621,944   3,810   974,338   72,997
c) auf Tausendstel: 18,8536   0,7766   5,0194   37,0608   40,9545   96,7583   1,0086
d) auf Einer: 24,7   73,25   283,70   1,835   60,09   0,75   0,45

2 Rechne. Runde das Ergebnis auf die angegebene Stelle.

a) Hundertstel	b) Tausendstel	c) Zehntel	d) Hundertstel	e) Einer
38,4 · 5,82	7,835 · 4,27	7,8 : 1,6	22 : 7,2	9,5 : 2,14
7,05 · 9,3	98,018 · 0,64	13,6 : 6,4	343 : 3,6	70,3 : 0,91
86,73 · 0,48	0,314 · 9,55	18,9 : 5,6	0,56 : 0,77	4,6 : 0,16
0,61 · 0,07	12,006 · 0,78	14,67 : 3,6	0,3 : 0,07	8,1 : 0,77

3 Berechne bis zur dritten Stelle nach dem Komma. Runde.

$$\frac{4}{7} = 4 : 7 = 0{,}571 \ldots \approx 0{,}57$$

a) $\frac{2}{3}$ $\frac{5}{9}$ $\frac{1}{3}$ $\frac{7}{6}$ $\frac{11}{8}$ $\frac{4}{3}$ $\frac{8}{9}$ $\frac{10}{3}$ b) $\frac{3}{7}$ $\frac{6}{7}$ $\frac{7}{6}$ $\frac{1}{7}$ $\frac{5}{14}$ $\frac{7}{12}$ $\frac{8}{12}$ $\frac{13}{14}$

4 Rechne. Runde das Ergebnis sinnvoll.
a) 136,97 € · 7,5   b) 9,25 m · 3,45   c) 1,762 kg · 8,1   d) 2,804 km · 6,3   e) 5,6 cm · 7,8
   509,22 € · 2,8   34,86 m · 12,7   20,880 kg · 5,53   56,875 km · 18,7   23,4 cm · 4,7
   87,60 € : 3,5   6,75 m : 8,5   30,000 kg : 14   2,5 km : 1,6   34,8 cm : 7
   258,45 € : 15   2,10 m : 0,46   5,800 kg : 2,75   83,65 km : 5,5   7,5 cm : 3,6

5 Ein Haus wird für 329 243 Euro verkauft. Drei Erben teilen sich den Erlös. Wie viel erhält jeder?

6 Frau Götz lässt in ihrem Badezimmer einen Heizstrahler einbauen. Wie hoch ist der Rechnungsbetrag?

Elektro Bader

Ware	Stückpreis (€)
1 Heizstrahler	152,0
3,85 m Kabel	1,70
Kleinmaterial	1,70
3,5 Stunden	38,5
Rechnungsbetrag (€)	

7 Wie viel Kilometer legt jeder in einer Stunde zurück? Runde auf Zehntel.
a) Bertram fährt mit dem Fahrrad in 3 Stunden 50 km weit.
b) Für 56 km benötigt Frau Schneider mit dem Auto 1,5 Stunden.
c) Herr Schneider bewältigt beim Waldlauf in $1\frac{1}{2}$ h eine Strecke von 13 km.
d) Familie Schneider legt beim Wandern in 3,5 Stunden eine Strecke von 15 km zurück.

4 Geometrische Formen

Station 1 — Sterne und Kreuze

a) Zeichne 9 Quadrate mit 4 cm Seitenlänge auf unliniertes Papier. Trage von jedem Eckpunkt aus 1 cm auf beiden Seiten ab und zeichne das Muster.
b) Setze das Muster bei den übrigen 8 Quadraten fort.
c) Welche Figuren kannst du erkennen?
d) Färbe das Muster ein.

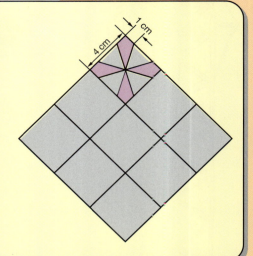

Station 2 — Senkrechte und Parallele

a) Gib die Rechts- und Hochwerte der Punkte an.
b) Zeichne die Gerade g durch A und B und die Gerade h durch E und F.
c) Zeichne die Parallelen zu g durch C, D und H.
d) Zeichne die Senkrechte zu g durch D.
e) Zeichne die Parallelen zu h durch C, G und I.
f) Zeichne die Senkrechten zu h durch G und I.
g) Wie viele Geraden sind zueinander parallel?
h) Wie viele Geraden sind zueinander senkrecht?

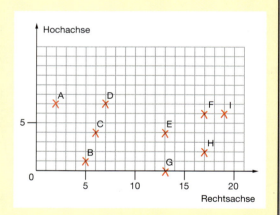

Station 3 — Hast du dies immer dabei?

1. Gegenstand
(0,25 | 1,5) (0,5 | 2)
(2,5 | 6) (4,5 | 2)
(4,75 | 1,5) (5 | 2)
(3 | 6) (3 | 8) (2 | 8)
(2 | 6) (0 | 2) (0,25 | 1,5)

2. Gegenstand
(7,5 | 2) (7,5 | 8) (4,5 | 5)

3. Gegenstand
(0 | 0,5) (6 | 0,5)
(7,5 | 0,75) (6 | 1)
(0 | 1) (0 | 0,5)

Übungszirkel: Muster und Rätsel   45

Station 4 Muster

Zeichne die Figuren und zerschneide sie an den roten Linien. Lege aus den Teilen neue Figuren.

a)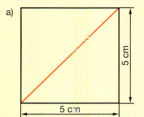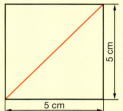

b)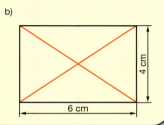

Station 5 Parkett

Lässt sich die Ebene mit einer Figur lückenlos auslegen, so entsteht ein Parkett.

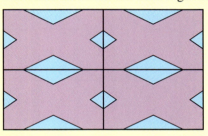

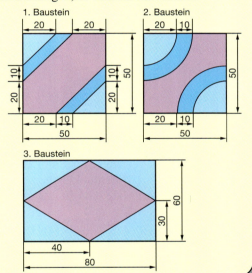

a) Beschreibe, wie das Parkett entstanden ist.
b) Schneide die Bausteine aus der Kopiervorlage aus und erfinde schöne Parkette.
c) Zeichne den dritten Baustein und schneide ihn aus. Erstellt in Gruppenarbeit ein Parkett.

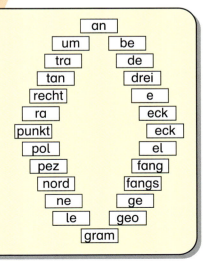

Station 6 Geometrisches Silbenrätsel

Schreibe die Anfangsbuchstaben der Wörter der Reihe nach auf. Du erhältst das Lösungswort.
(1) So heißt eine gerade Linie durch zwei Punkte.
(2) Dies ist doppelt so lang wie die Länge und Breite eines Rechtecks zusammen.
(3) So heißt ein Viereck mit zwei parallelen Seiten.
(4) Dieses Gerät verwendest du oft beim Zeichnen.
(5) So heißt eine Fläche, die nicht gekrümmt ist.
(6) Dieses Viereck hat vier gleich große Winkel, aber nicht alle Seiten sind gleich lang.
(7) Mit diesem Punkt beginnt eine Strecke.
(8) Dieses chinesische Legespiel kennst du sicherlich.
(9) Hiermit hat früher der Schneider gemessen.
(10) Durch diesen Punkt auf der Erdkugel geht die Erdachse.

	an
um	be
tra	de
tan	drei
recht	e
ra	eck
punkt	eck
pol	el
pez	fang
nord	fangs
ne	ge
le	geo
	gram

46 Kreise

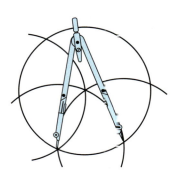

1 Übertrage die Kreismuster in dein Heft und setzte sie fort.

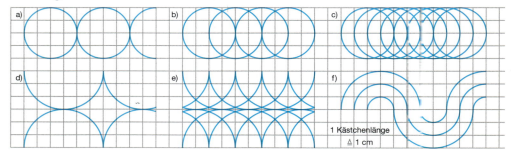

2 a) Zeichne jeweils einen Kreis mit dem Radius 2 cm, 3 cm ..., 10 cm. Die Kreise sollen einen gemeinsamen Mittelpunkt haben.
b) Male die Flächen mit verschiedenen Farben aus.

3 a) Zeichne einen Kreis (r = 8 cm) auf ein Blatt Papier und schneide ihn aus.
b) Finde durch Falten mehrere Symmetrieachsen des Kreises und zeichne sie ein.
c) In welchem Punkt schneiden sich die Symmetrieachsen?

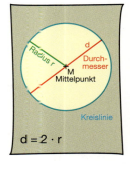

4 Berechne den Radius oder den Durchmesser.
a) r = 4 cm b) r = 75 mm c) d = 8,4 cm d) d = 1,64 m e) r = 7,6 dm f) d = 37 m

5 Auf einer quadratischen Klebefolie mit 15 cm Seitenlänge werden kreisförmige Aufkleber vorgestanzt. Zwischen zwei Aufklebern und den Seitenrändern der Klebefolie wird 3 mm Platz gelassen. Gib jeweils den Durchmesser und den Radius der Kreis an für
a) 1 Kreis b) 4 Kreise c) 9 Kreise d) 16 Kreise e) 25 Kreise f) 36 Kreise

6 Die Kreismuster enthalten Kreise mit 2 cm Radius. Beschreibe die Lage der Mittelpunkte und zeichne die Muster in dein Heft. Erfinde selbst andere Kreismuster.

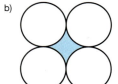
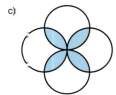

Strecke halbieren

1 Beschreibe, wie die Schüler halbieren.

So kannst du mit dem Zirkel eine Strecke halbieren:

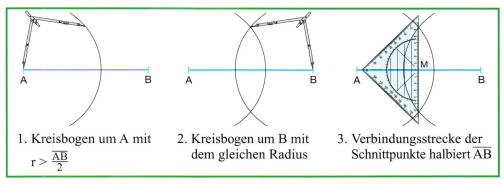

1. Kreisbogen um A mit $r > \frac{\overline{AB}}{2}$
2. Kreisbogen um B mit dem gleichen Radius
3. Verbindungsstrecke der Schnittpunkte halbiert $\overline{AB}$

2 Zeichne die Strecken und halbiere sie.
a) $\overline{AB}$ = 6 cm b) $\overline{CD}$ = 7 cm c) $\overline{KL}$ = 6,8 cm d) a = 7,1 cm e) b = 17,5 cm f) c = 9,9 cm

3 Konstruiere die Mittelpunkte der Strecken und gib ihre Koordinaten an.

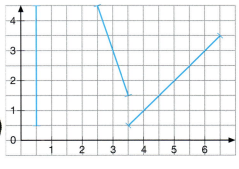 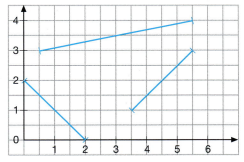

Erst Rechtswert, dann Hochwert.

4 Zeichne in ein Koordinatensystem die Strecken $\overline{AB}$ mit den Punkten A (2|1), B (2|7), $\overline{CD}$ mit C (3|5), D (9|5) und die Strecke $\overline{EF}$ mit den Punkten E (3|0) und F (7|4). Halbiere die Strecken mit dem Zirkel und bestimme die Koordinaten der Mittelpunkte.

5 Zeichne das Dreieck ABC mit A (1|2), B (8|2) und C (5|8). Halbiere die Seiten. Verbinde die Mittelpunkte der Seiten a, b und c mit den gegenüberliegenden Ecken. Was stellst du fest?

6 Zeichne die Strecken. Teile sie durch fortgesetztes Halbieren.
a) in 4 Teile: 7,2 cm; 9,6 cm; 12 cm   b) in 8 Teile: 9 cm; 11 cm; 12,4 cm

48   Mittelsenkrechte konstruieren

1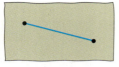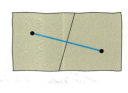

a) Zeichne und falte wie im Bild.
b) Begründe, warum die Faltachse die Strecke halbiert und senkrecht zu ihr verläuft.

Mittelsenkrechte

Die **Mittelsenkrechte m** halbiert die Strecke $\overline{AB}$ und steht senkrecht auf ihr. Sie ist die Symmetrieachse der Strecke.

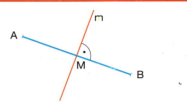

So kannst du die Mittelsenkrechte konstruieren:

 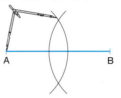 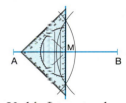

1. Kreisbogen um A mit $r > \dfrac{\overline{AB}}{2}$

2. Kreisbogen um B mit gleichem Radius wie bei A

3. Die Verbindungsstrecke der Schnittpunkte ist die Mittelsenkrechte von $\overline{AB}$

2 Zeichne die Strecken und konstruiere die Mittelsenkrechten.
a) $\overline{AB}$ = 8 cm   b) $\overline{CD}$ = 5 cm   c) $\overline{EF}$ = 9,4 cm   d) $\overline{KL}$ = 6,8 cm   e) $\overline{PQ}$ = 44 mm

3 Übertrage die Strecken in dein Heft. Zeichne die Mittelsenkrechte ein.

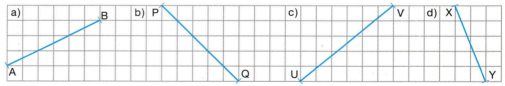

4 Zeichne die Strecke $\overline{AB}$ mit der Länge 10,2 cm. Konstruiere die Mittelsenkrechte und markiere auf ihr drei beliebige Punkte C_1, C_2 und C_3. Verbinde diese Punkte mit A und B. Beschreibe die Form der entstandenen Dreiecke.

Der Schatz ist an dem Ort, den du von A, B und C aus in gleich vielen Schritten erreichst.

5 Bei einem Geländespiel im Schullandheim wird ein Schatz versteckt.
a) Wo müssen die Schüler suchen?
b) Zeichne die Punkte A (1|1), B (13|3) und C (4,5|11,5) in ein Koordinatensystem. Zeichne nach Augenmaß Punkte ein, an denen du den Schatz vermutest. Überprüfe dann mit dem Zirkel.

Senkrechte zeichnen und konstruieren 49

1 Ingrid möchte die Straße überqueren.
a) Welcher Weg ist der kürzeste?
b) Welchen Winkel bildet dabei der Weg mit dem Gehsteig?

Senkrechte Geraden

h ⊥ g
lies: die Gerade h ist senkrecht zur Geraden g

So kannst du die Senkrechte durch einen Punkt zu einer Geraden zeichnen:
Punkt P liegt *auf* der Geraden   Punkt P liegt *außerhalb* der Geraden

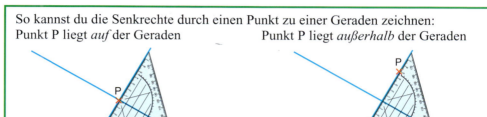

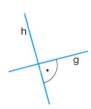

Geraden, die senkrecht aufeinanderstehen, bilden rechte Winkel

2 Übertrage die Punkte und Geraden in dein Heft. Zeichne durch jeden Punkt die Senkrechte zu der Geraden.

a) 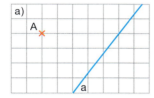   b) 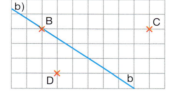   c)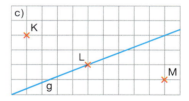

So kannst du mit dem Zirkel die Senkrechte von einem Punkt P auf eine Gerade g zeichnen:

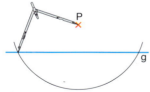   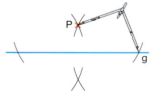   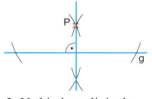

1. Kreisbogen um P schneidet g in den Punkten A und B
2. gleich große Kreisbögen um A und B mit r > $\frac{AB}{2}$
3. Verbindungslinie der Schnittpunkte ergibt die Senkrechte

$\overline{AB}$ ist das Lot von A auf g. Die Länge von $\overline{AB}$ ist der Abstand von A zu g

3 Auf einer Geraden g liegt der Punkt A. Konstruiere mit Zirkel und Lineal im Punkt A die Senkrechte zur Geraden g. Beschreibe deine Konstruktionsschritte.

4 a) Zeichne die Strecke $\overline{AB}$ = 5 cm. Errichte in den Punkten A und B jeweils die Senkrechte zu $\overline{AB}$.
b) Zeichne eine Gerade in dein Heft. Markiere einen Punkt, der außerhalb der Geraden liegt. Fälle von diesem Punkt das Lot auf die Gerade. Miss den Abstand des Punktes zu der Geraden.

Parallele zeichnen

1 Auf dem Bebauungsplan findest du viele parallele Linien.
a) Von welchen Grundstücken sind gegenüberliegende Seiten parallel?
b) Welche Grundstücke haben nur zwei parallele Seiten?
c) Was kannst du über die Abstände der parallelen Linien sagen?

So kannst du die Parallele zeichnen:
a) mit dem Geodreieck   b) durch Parallelverschiebung

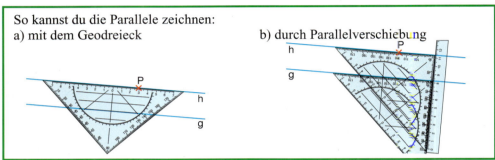

2 Übertrage die Punkte und Geraden in dein Heft. Zeichne die Parallelen zu der Geraden durch die angegebenen Punkte.

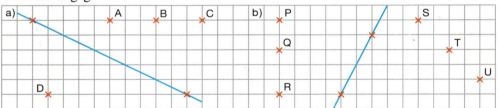

3 Zeichne Muster wie im Bild. Setze die Muster fort.

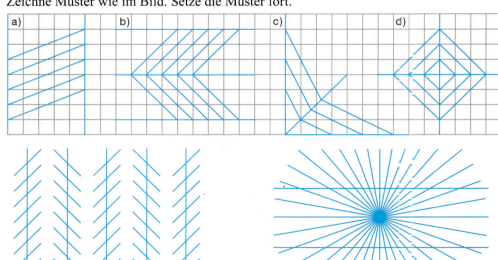

Winkel

Winkelarten

spitzer Winkel
α kleiner als 90°

1 In den Bildern erkennst du Winkel. Nenne weitere Beispiele für Winkel in deiner Umwelt.

2 a) Stelle die Winkel ein:
90° 45° 180° 270° 360°
b) Zeichne die Winkel in dein Heft.
c) Wie groß ist ein rechter Winkel?

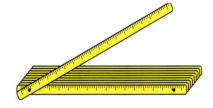

rechter Winkel
α = 90°

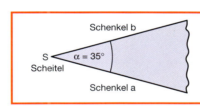

Winkel werden mit griechischen Buchstaben bezeichnet:

α β γ δ ε
alpha beta gamma delta epsilon

3 Gib für jeden Winkel die Winkelart an. Stelle den Winkel nach Augenmaß ein.
a) α = 20° β = 100° γ = 170° δ = 85° ε = 135°   b) α = 270° β = 200° γ = 350° δ = 225°

stumpfer Winkel
α zwischen
90° und 180°

gestreckter
Winkel
α = 180°

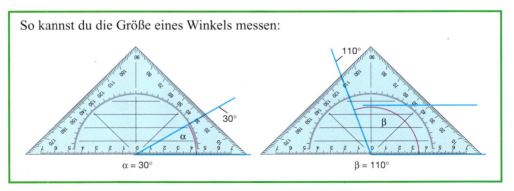

So kannst du die Größe eines Winkels messen:

α = 30°   β = 110°

4 a) Zeichne zwei Geraden, die sich schneiden. Schätze die entstehenden Winkel und überprüfe mit dem Geodreieck.
b) Zeichne drei weitere Geradenpaare und verfahre ebenso.

5 Um welchen Winkel dreht sich der Minutenzeiger einer Uhr in der angegebenen Zeit?
a) $\frac{1}{4}$ h   b) 1 h   c) $\frac{1}{2}$ h   d) $\frac{3}{4}$ h   e) 10 min   f) 5 min   g) 25 min   h) 2 h   i) $1\frac{1}{2}$ h

Vollwinkel
α = 360°

Winkel

1 Übertrage die Winkel in dein Heft. Schätze die Größe der Winkel und gib die Winkelart an. Miss dann die Größe der Winkel mit dem Geodreieck und vergleiche.

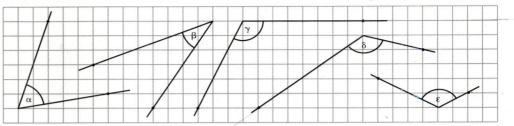

2 Zeichne das Rechteck. Trage die Diagonalen ein. Miss alle auftretenden Winkel.
  a) a = 14 cm, b = 8 cm b) a = 12 cm, b = 9 cm c) a = 15 cm, b = 6 cm

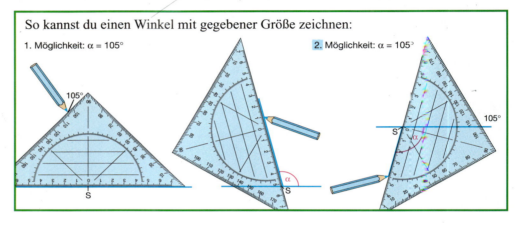

So kannst du einen Winkel mit gegebener Größe zeichnen:
1. Möglichkeit: α = 105°
2. Möglichkeit: α = 105°

3 Zeichne die Winkel in eine Figur: 15° 30° 45° 60° 75° 90° 105° 120°

4 Zeichne die Winkel nach Augenmaß. Prüfe mit dem Geodreieck.
  a) 45°   b) 30°   c) 60°   d) 80°   e) 100°   f) 170°   g) 190°

5 Zeichne die Straßenkreuzungen in dein Heft. Miss alle Winkel und vergleiche.

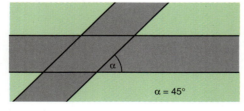

α = 45°

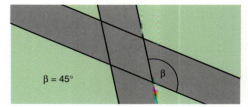

β = 45°

6 Übertrage die Figur in dein Heft. Setze die Figur fort, bis sie sich schließt.

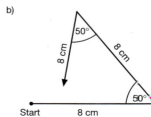

Winkelhalbierende konstruieren

1 Max hat beim Basteln einen Winkel aus Pappe geschnitten. Er will den Winkel durch Zusammenfalten halbieren. Wie kann er die Winkelhalbierende bestimmen?

w ist die **Winkelhalbierende** des Winkels α

w ist auch die Symmetrieachse des Winkels α

So kannst du einen Winkel halbieren:

1. Kreisbogen um S
2. Kreisbögen mit gleichem Radius um Schenkelschnittpunkte
3. Schnittpunkt mit S verbinden

2 Zeichne die Winkel und halbiere sie.
a) 48° b) 60° c) 90° d) 180° e) 120° f) 144° g) 236° h) 310°

3 Zeichne ein Rechteck mit a = 8 cm und b = 5 cm. Zeichne alle vier Winkelhalbierenden ein. Beschreibe das Viereck, das von den Winkelhalbierenden gebildet wird.

4 a) Zeichne den Winkel α = 62°. Zeichne die Winkelhalbierende w ein.
b) Wähle auf der Winkelhalbierenden zwei verschiedene Punkte. Zeichne um sie Kreise, die die Schenkel von α berühren.
c) Welche Eigenschaften haben diese Punkte? Begründe.

5 a) Zeichne ein Dreieck ABC und die Winkelhalbierenden. Was stellst du fest?
b) Zeichne einen Kreis, der die drei Seiten innen berührt.

6 a) Übertrage die Figur in dein Heft.
b) Konstruiere einen Punkt, der von den Geraden jeweils den gleichen Abstand hat.

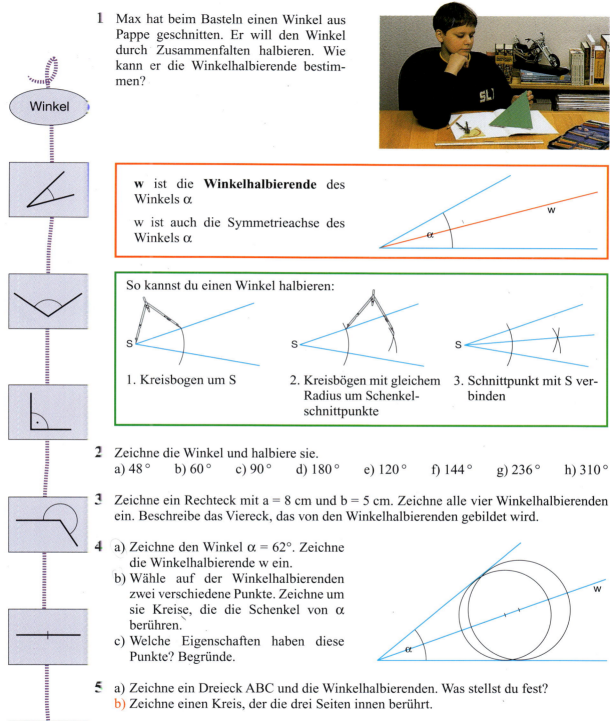

54 Winkelbeziehungen

1 Bettina hat mit ihrem Vater zusammen eine neue Garderobe montiert.
  a) Welche Schnüre verlaufen parallel zueinander?
  b) Zeichne das Gitter in dein Heft. Verwende $\alpha = 106°$.
  c) Miss verschiedene Winkel und trage ihre Größe ein. Welche Winkel sind gleich groß, welche Winkel ergeben zusammen 180°?

2 Erkläre mit Hilfe der Abbildungen, dass die gefärbten Winkel gleich groß sind.

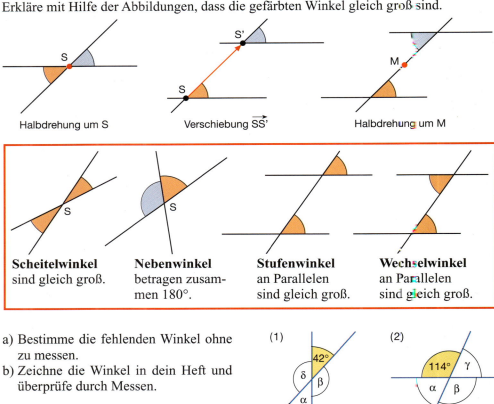

Halbdrehung um S — Verschiebung $\vec{SS'}$ — Halbdrehung um M

Scheitelwinkel sind gleich groß.
Nebenwinkel betragen zusammen 180°.
Stufenwinkel an Parallelen sind gleich groß.
Wechselwinkel an Parallelen sind gleich groß.

Ganz schön verwinkelt.

3 a) Bestimme die fehlenden Winkel ohne zu messen.
  b) Zeichne die Winkel in dein Heft und überprüfe durch Messen.

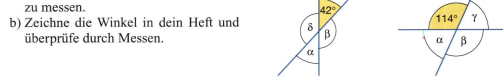

4 Bestimme die Größe der Winkel.

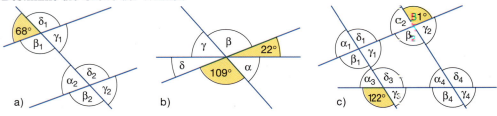

5 a) Zeichne zwei parallele Geraden im Abstand von 3 cm. Zeichne eine Gerade g, die mit einer Parallelen den Winkel $\beta = 52°$ bildet.
  b) Wie groß sind die anderen Winkel?

Dreiecke

Dreiecks-formen

1. a) An dem Fachwerkhaus und an dem Kran sind verschiedene Dreiecke zu sehen. Beschreibe ihre Form.
   b) Wo findest du in deiner Umgebung Dreiecke?

2. Zeichne das Viereck. Schneide die Teile aus. Lege die Teile zu neuen Figuren zusammen. Kannst du auch Dreiecke erhalten? Beschreibe ihre Form. Achte dabei auf Winkel und Seiten.

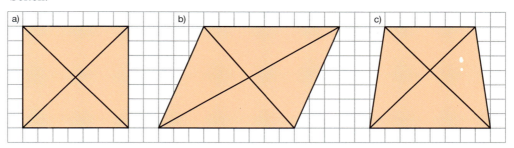

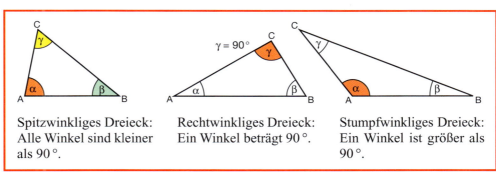

Spitzwinkliges Dreieck: Alle Winkel sind kleiner als 90°.

Rechtwinkliges Dreieck: Ein Winkel beträgt 90°.

Stumpfwinkliges Dreieck: Ein Winkel ist größer als 90°.

3. a) Schreibe für die Eckpunkte der Dreiecke den Rechtswert und den Hochwert auf.
   b) Welche Dreiecke sind spitzwinklig, rechtwinklig oder stumpfwinklig?
   c) Bei welchen Dreiecken sind zwei Seiten gleich lang?

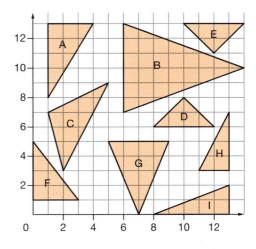

Winkelsumme im Dreieck

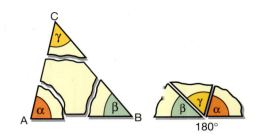

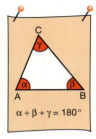

1 a) Zeichne ein Dreieck auf Papier und schneide es aus.
b) Färbe die Winkel. Reiße die Ecken ab und lege die drei Winkel zusammen. Welchen Winkel bilden die Dreieckswinkel zusammen?

2 a) Zeichne ein Dreieck. Miss die Größe der Winkel α, β, γ und schreibe sie auf.
b) Addiere die Größen der drei Winkel. Vergleiche das Ergebnis mit deinen Nachbarn.

3 Berechne die fehlenden Winkel.

a) 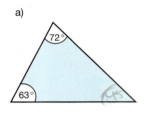 b) 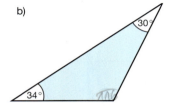 c)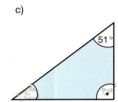

4
a) $\alpha = 40°$ | $\beta = 60°$ b) $\alpha = 55°$ | $\beta = 55°$ c) $\beta = 70°$ | $\gamma = 40°$
d) $\beta = 90°$ | $\gamma = 45°$ e) $\alpha = 125°$ | $\gamma = 38°$ f) $\alpha = 60°$ | $\gamma = 60°$
g) $\alpha = 75°$ | $\gamma = 60°$ h) $\beta = 60°$ | $\gamma = 60°$ i) $\beta = 72°$ | $\gamma = 84°$

5 Die Vierecke werden durch Diagonalen in Dreiecke zerlegt. Berechne die Winkel in den Dreiecken.
a) Rechteck   b) Drachen   c) Raute

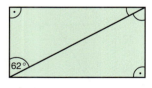   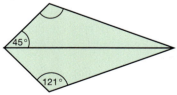   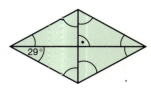

6 a) Kannst du mit einem spitzwinkligen Dreieck ein Parkett herstellen? Probiere es aus.
b) Versuche es auch mit einem stumpfwinkligen Dreieck.

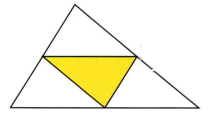

Gleichschenkliges Dreieck

1 Alexander faltet ein Blatt Papier und schneidet eine Ecke ab.
  a) Falte und schneide ebenso. Beschreibe das erhaltene Dreieck.
  b) Klebe das Dreieck in dein Heft. Zeichne die Symmetrieachse ein.
  c) Miss die Seiten und Winkel des Dreiecks. Was fällt dir auf?

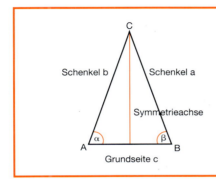

Zwei Seiten sind gleich lang. Sie heißen die Schenkel des Dreiecks.

Die beiden Winkel an der Grundseite sind gleich groß.

Das gleichschenklige Dreieck ist achsensymmetrisch.

2 a) Zeichne die Vierecke auf Papier. Trage die Diagonalen ein. Schneide die Dreiecke aus.

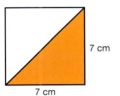 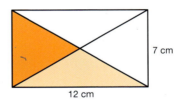 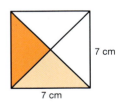

  b) Überprüfe, ob die Dreiecke gleichschenklig sind. Zeichne die Symmetrieachse ein.
  c) Klebe die Dreiecke in dein Heft. Schreibe dazu, ob das Dreieck spitzwinklig, rechtwinklig oder stumpfwinklig ist.

3 Gib an welche Form die Giebel haben. Berechne die fehlenden Winkel.

4 Berechne die Winkel in dem gleichschenkligen Dreieck. Beachte die Winkelsumme.
  a) $\alpha = 45°$ b) $\alpha = 36°$ c) $\beta = 65°$ d) $\beta = 52°$ e) $\gamma = 84°$ f) $\gamma = 72°$ g) $\gamma = 60°$

5 Zeichne das gleichschenklige Dreieck.
  a) $c = 6$ cm, $\alpha = 55°$ b) $c = 7{,}5$ cm, $\beta = 55°$ c) $a = 8$ cm, $\gamma = 55°$

Gleichseitiges Dreieck

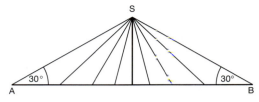

1 Eine Autobahnbrücke ist an einem Pylon mit Stahlseilen aufgehängt. Untersuche die entstehenden Dreiecke. Beachte dabei Winkel und Seiten.

2 a) Zeichne das gleichseitige Dreieck mit c = 12 cm auf Papier. Beginne mit der Strecke $\overline{AB}$. Verwende den Zirkel.
b) Schneide das Dreieck aus. Falte es und zeichne die Symmetrieachsen ein.
c) Klebe das Dreieck in dein Heft.
d) Zeichne ein gleichseitiges Dreieck mit c = 5,5 cm.

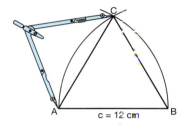

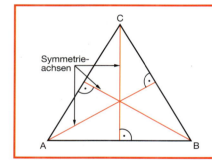

Gleichseitiges Dreieck

Alle drei Seiten sind gleich lang.

Alle drei Winkel sind 60°.

Das gleichseitige Dreieck hat drei Symmetrieachsen.

3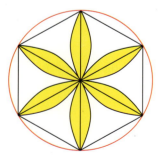

a) Zeichne die Figur in dem Heft.
b) Weshalb lässt sich der Radius des Kreises genau sechsmal abtragen?
c) Zeichne sechs gleichseitige Dreiecke mit der Seitenlänge 4 cm und schneide sie aus. Lege mit den sechs Dreiecken verschiedene Figuren, bei denen die Dreiecksseiten genau aneinander passen.

4 a) Aus wie viel gleichseitigen Dreiecken wurden die Figuren gezeichnet?

(1) 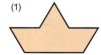 (2)   (3)

b) Zeichne sechs gleichseitige Dreiecke mit der Seitenlänge 3 cm und schneide sie aus. Lege mit den sechs Dreiecken weitere Figuren und skizziere sie.

Vierecke

1 Welche Figuren hat Tanja auf dem Geobrett gespannt?

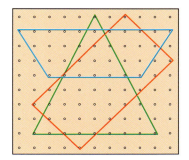

2 Baue ein Geobrett mit 6 x 6 Nägeln und spanne ein Quadrat.
   a) Wie musst du vorgehen, wenn du das Quadrat zu einem Rechteck ändern willst?
   b) Wie kannst du ein Rechteck in ein Parallelogramm verändern? Es gibt verschiedene Möglichkeiten.
   c) Denke dir selbst Figuren aus und verändere sie zu neuen Figuren.

3 a) Zeichne die Vierecke in dein Heft. Schreibe zu jedem Viereck seinen Namen.

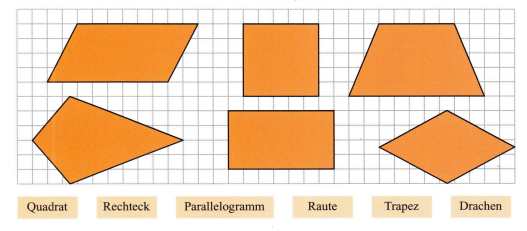

   b) Welche Vierecke sind achsensymmetrisch? Zeichne alle Symmetrieachsen ein. Überprüfe mit einem Taschenspiegel.
   c) Welche Vierecke sind drehsymmetrisch? Zeichne den Drehpunkt ein. Schreibe die Drehwinkel auf.
   d) Miss die Längen der Seiten. Zeichne gleiche Längen mit der gleichen Farbe.
   e) Miss die Winkel in den Vierecken. Färbe gleich große Winkel mit der gleichen Farbe. Addiere die Winkel. Bestätige, dass die Winkelsumme im Viereck 360° beträgt.

4 Beschreibe die Geräte im Bild. Welche Vierecksformen erkennst du?

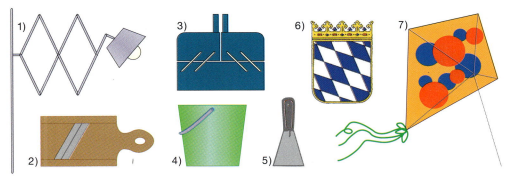

Vierecke

1 Torsten schraubt zwei gleich lange Lochstäbe zusammen. Er spannt durch die äußeren Löcher einen Gummiring.
a) Welches Viereck entsteht?
b) Bewege die Stäbe. Wie verändert sich das Viereck?
c) Wie muss Torsten die Stäbe zusammenbauen, damit ein achsensymmetrisches Viereck entsteht?
d) Torsten verwendet zwei verschieden lange Lochstäbe. Welche Vierecke erhält er?

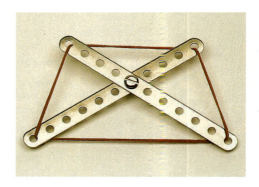

2 Zeichne die Figuren in dein Heft. Spiegle sie an der roten Achse. Welche Vierecke entstehen? Nenne ihre Eigenschaften.

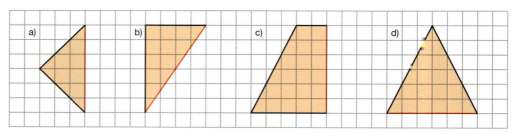

3 a) Zeichne einen Streifen mit 3 cm Breite. Zeichne in den Streifen verschiedene Rechtecke und Parallelogramme. Kannst du auch Quadrate einzeichnen?
b) Zeichne in einen anderen Streifen mit 3 cm Breite verschiedene Trapeze ein.

4 Zeichne das Viereck in ein Achsenkreuz. Gib seinen Namen an. Zeichne die Symmetrieachsen ein, falls welche vorhanden sind.
a) A (1|2) B (2|1) C (3|4) D (2|5)
b) A (6|1) B (10|1) C (11|4) D (5|4)
c) A (14|0) B (16|1) C (14|5) D (12|1)
d) A (12|7) B (14|6) C (16|10) D (14|11)
e) A (6|8) B (9|5) C (10|7) D (8|9)
f) A (6|1) B (4|10) C (0|12) D (2|8)

5 Zeichne die Muster in dein Heft und setze sie fort. Beschreibe die auftretenden Vierecke?

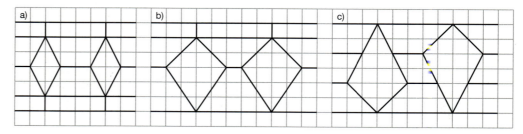

6 Zeichne die Punkte A, B und C in ein Achsenkreuz. Ergänze sie
a) zu einem Parallelogramm,   b) zu einem Trapez,   c) zu einem Drachen.
(1) A (3|1) B (5|1) C (7|5)
(2) A (8|6) B (14|6) C (12|2)
(3) A (1|6,5) B (5|4,5) C (7|8,5)
(4) A (9,5|8) B (12,5|5) C (18,5|8)

Eigenschaften von Vierecken

1 Die Schülerinnen und Schüler halten Plakate mit verschiedenen Vierecken in ihren Händen. Wie heißen diese Vierecke? Sprich über die unterschiedlichen Eigenschaften (bezüglich Seiten, Winkel, Diagonalen und Symmetrieachsen).

2 Wer meldet sich? Gib weitere Eigenschaften von Vierecken an.

… sind benachbarte Seiten gleich lang.
… sind gegenüberliegende Seiten gleich lang.
… sind genau zwei Seiten gleich lang.
… sind die Diagonalen gleich lang.
… sind gegenüberliegende Seiten parallel.
… sind genau zwei Seiten zueinander parallel.
… gibt es keine parallelen Seiten.
… sind gegenüberliegende Winkel gleich groß.
… sind zwei Nachbarwinkel zusammen 180°.
… sind die Diagonalen Symmetrieachsen.
… gibt es genau eine Symmetrieachse.

3 a) In welchen Vierecken halbieren sich die Diagonalen?
b) Welche Vierecke haben Diagonalen, die aufeinander senkrecht stehen?
c) In welchen Vierecken ist die Summe von gegenüberliegenden Winkeln 180°?
d) Welche Vierecke lassen sich mit zwei Sorten Stäben legen?

4 Mit einem Drachen lässt sich ein Parkett zeichnen.
a) Zeichne das Parkett in dein Heft und setze es fort.
b) Untersuche, ob du auch mit den anderen Vierecken ein Parkett zeichnen kannst. Gibt es verschiedene Muster?

Winkelsumme im Viereck

1 Zeichne ein Viereck auf Papier und schneide es aus. Färbe die Winkel. Reiße die Ecken ab und lege die Winkel zusammen. Welchen Winkel bilden die Viereckswinkel insgesamt?

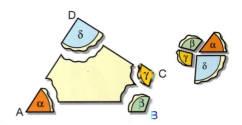

2 a) Zeichne ein Viereck. Miss die Größe der Winkel α, β, γ, δ, und schreibe sie auf.
b) Addiere die Größe der vier Winkel. Vergleiche das Ergebnis mit deinem Nachbarn.
c) Katrin sagt: „Da muss immer 360° herauskommen. Man kann das Viereck mit einer Diagonale ja in zwei Dreiecke zerlegen." Was meinst du dazu?

Die Winkelsumme in jedem Viereck beträgt 360°.
α + β + γ + δ = 360°

3 Berechne die fehlenden Winkel in den Vierecken.

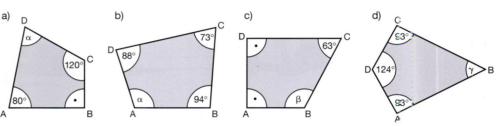

4 Berechne die fehlenden Winkel der Vierecke.
a) α = 70°, β = 120°, γ = 55°   b) α = 104°, β = 68°, γ = 84°   c) α = 97°, β = 83°, δ = 83°
d) α = 72°, β = 72°, δ = 108°   e) β = 124°, δ = 102°, γ = 102°   f) β = 90°, γ = 90°, δ = 90°
g) α = 54°, γ = 54°, δ = 126°   h) α = 92°, γ = 76°, δ = 96°   i) β = 190°, γ = 45°, δ = 45°

5 Berechne die Winkel an den Eckpunkten der Vierecke. Beachte dabei die Eigenschaften der Vierecke.

a) Parallelogramm   b) Drachen   c) Raute   c) gleichschenkliges Trapez

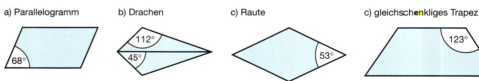

1. Beginne mit einem Startpunkt A.
2. Wähle eine Richtung.
3. Zeichne in der Richtung eine Strecke von 8 cm.
4. Ändere deine Richtung um 90° nach links.
5. Zeichne in der Richtung eine Strecke von 5 cm.
6. Ändere deine Richtung um 90° nach links.
7. Zeichne in der Richtung eine Strecke von 2 cm.
8. Ändere deine Richtung um 90° nach links.
9. Fahre solange bei 3. fort, bis sich die Figur schließt.

Wähle andere Zahlen und zeichne nach dem angegebenen Verfahren. Schließt sich die Figur?

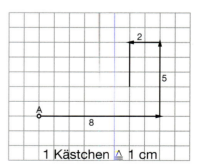

Wir bauen einen Drachen

Materialliste:
- Leisten (12 mm x 4 mm) aus Buchenholz
- Glanzpapier
- Klebstoff für Papier
- Klebstoff für Holz
- Drachenschnur

Werkzeug:
- Messer
- Schere
- Säge
- Sandpapier
- Lineal, Geodreieck

Bauanleitung

1 Bearbeiten der Leisten
- auf Länge sägen
- Einkerben

Längsleiste 1200 mm
Querleiste 800 mm

3 mm, 4 mm, 12 mm

2 Bau des Drachengerippes

Vermeide Nägel oder Schrauben, sondern umwickele die Klebestelle kreuzweise mit einer leichten, reißfesten Schnur.
Ist das Kreuz im Gleichgewicht?

450 mm, 738 mm, Schnur, 394 mm, 12 mm, 12 mm, 394 mm, leimen binden

3 Herstellen des Drachens
- Drachengerippe mit Schnur umspannen
- Drachengerippe auf Glanzpapier legen
- Umriss einzeichnen
- Klebekanten einzeichnen
- Ausschneiden
- Klebekanten umschlagen und verkleben

3 cm

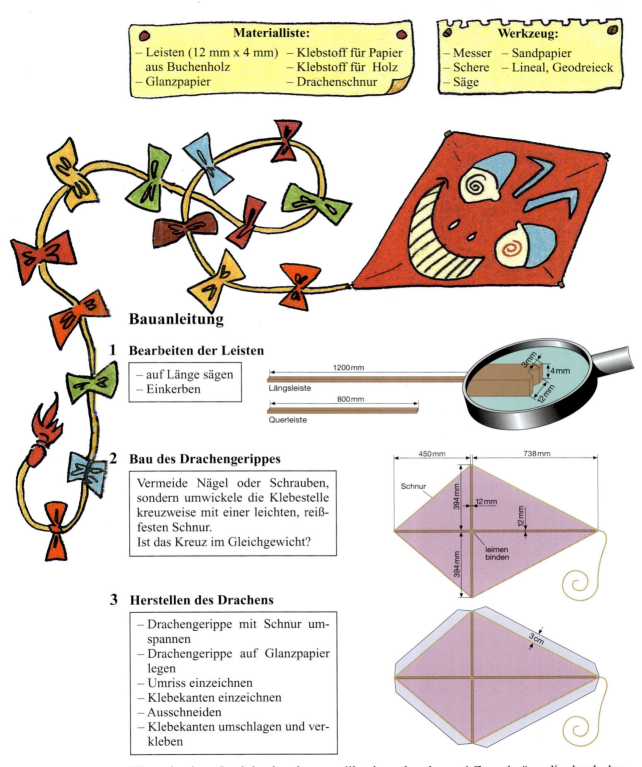

Wenn du einen Lenkdrachen bauen willst, brauchst du zwei Zugschnüre, die durch den Führungsring zu den Enden der Querleiste führen. Und nun viel Spaß beim Drachen steigen!

Übungszirkel: Geometrische Formen

Station 1 Übertrage die Figuren auf Karogitter und miss die Winkel. Überprüfe die Genauigkeit deiner Messungen mit Hilfe der Winkelsumme.

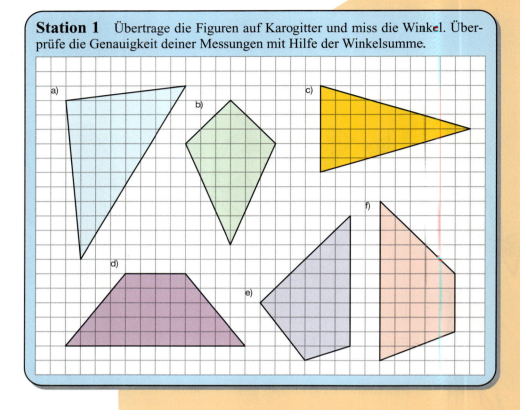

Station 6 Schlage in ein Brett zwei Nägel. Ein weiterer Nagel lässt sich in einer gefrästen parallelen Führung nach links und rechts schieben. Um die drei Stifte ist ein Gummiring gespannt.
a) Beschreibe die Form des Dreiecks.
b) Wann ist das Dreieck rechtwinklig, spitzwinklig, stumpfwinklig oder gleichschenklig?

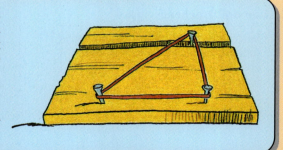

Station 5 Zeichne in das Viereck die Mittelpunkte der Seiten ein und verbinde sie. Verfahre mit dem neuen Viereck ebenso, bis du insgesamt 3 Vierecke erhältst. Was stellst du fest?

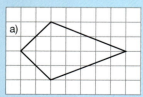
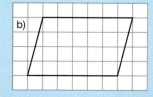

Station 2 a) Aus welchen Dreiecken besteht die Zeichnung?

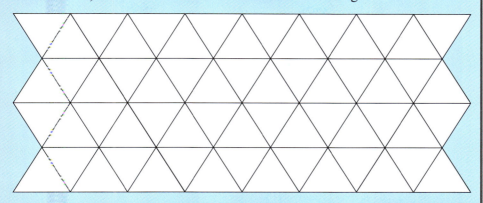

b) Du siehst noch größere gleichseitige Dreiecke. Aus wie viel kleinen gleichseitigen Dreiecken bestehen sie?
c) Wie viele kleine gleichseitige Dreiecke benötigst du für ein gleichschenkliges Trapez? Finde mehrere Möglichkeiten.
d) Kannst du aus sechs gleichseitigen Dreiecken ein Schiff herstellen?
e) Finde weitere Figuren aus sechs gleichseitigen Dreiecken.

Station 3 a) Zeichne ein Rechteck. Verbinde die Mittelpunkte der Seiten miteinander. Es entsteht ein neues Viereck. Verbinde wieder die Mittelpunkte der Seiten. Setze das Verfahren fort. Was fällt dir auf?
b) Zeichne einen Drachen und verfahre ebenso. Welche Vierecke entstehen dabei?
c) Zeichne ein beliebiges Viereck und untersuche mögliche Gesetzmäßigkeiten.

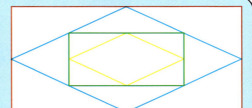

Station 4 a) Welche Vierecke siehst du in den Mustern? Setze die Muster fort.
b) Entwirf selbst Muster mit anderen Vierecken.

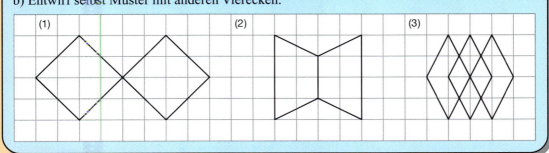

5 Zuordnungen

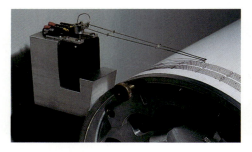

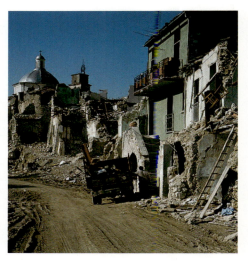

Ein Seismograf registriert selbst kleinste Erschütterungen und zeichnet sie auf.

Was ist auf den Bildern zu sehen? Stelle mögliche Zusammenhänge her (Geschwindigkeit → Verbrauch; Thermostatventil → Temperatur/Verbrauch).

Zuordnungen: Kleinkind 67

Gewicht und Nahrungsmenge

1

Gewicht des Säuglings (g)	Wasser (g)	Milchpulver (g)
3000	100	16
3200	105	18
3600	120	20
3900	130	22
4300	140	24
4700	155	26
5000	170	28
5300	180	30
6000	190	32
6600	200	34
7000	205	36

a) Herr Berger bereitet die Flasche für Peter, der 3900 g wiegt.
b) Bei welchem Gewicht bekommt Peter 198 g Nahrung pro Flasche?
c) Wie viel Nahrung bekommt Peter, wenn er 4300 g (4500 g, 4700 g, 5150 g, 6300 g) wiegt?
d) Wie ändert sich die Nahrungsmenge, wenn sich das Gewicht eines Säuglings verdoppelt?
e) Frau Berger möchte gern die Hälfte der Nahrungsmenge zubereiten. Für eine volle Flaschennahrung benötigt sie 22 g Milchpulver.

Lebensalter und Körpergröße

2

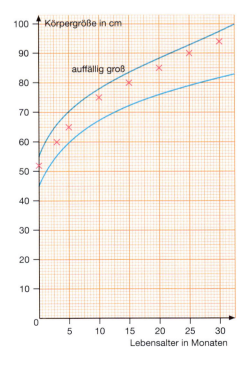

Im Untersuchungsheft für Kinder wird bei jeder Untersuchung dem **Lebensalter** die **Körpergröße** zugeordnet. Um die Entwicklung des Kindes verfolgen zu können, werden die Werte in ein Schaubild eingetragen.

a) Übertrage die Tabelle in dein Heft und vervollständige sie anhand des Schaubildes.

Lebensalter in Monaten	Körpergröße in cm.
0	52
3	■
5	■
10	■

b) Für welche Angaben gilt auffällig groß bzw. auffällig klein?
7 Monate/60 cm   12 Monate/82 cm
16 Monate/70 cm   18 Monate/89 cm
c) Nenne für ein Lebensalter von 5 Monaten (8 Monaten) je zwei Körpergrößen für auffällig groß und auffällig klein.

68 Zuordnungen: Wetter beobachten

Achsenkreuz

1 In dem Achsenkreuz sind die Temperaturen in Köln für einen Frühlingstag dargestellt.

a) Übertrage die Tabelle in dein Heft und fülle sie aus. Lies die fehlenden Werte im Achsenkreuz ab.

Tabelle

Uhrzeit (h)	0.30	2.30	4.30	6.30	8.30	10.30	12.30	14.30	16.30	18.30	20.30	22.30	0.30
Temperatur (°C)	5	4	1,5										

b) Lies aus dem Schaubild die Temperatur für die folgenden Uhrzeiten ab:
1 Uhr   3 Uhr   5 Uhr   11 Uhr   15 Uhr   19.30 Uhr   21.30 Uhr   23 Uhr
Schreibe: 13.30 Uhr → 21 °C
Der **Uhrzeit** 13.30 Uhr ist die **Temperatur** 21 °C zugeordnet.

c) Verfolge zu Hause den Temperaturverlauf an einem Tag und lege eine Tabelle an.

2 Beantworte folgende Fragen:
a) Lies die niedrigste und die höchste Temperatur ab und gib die zugehörige Zeit an.
b) In welchem Zeitraum stieg (fiel) die Temperatur?
c) Lies ab, wann die Temperatur 7 °C, 10,5 °C, 13 °C, 18 °C, 20,5 °C, 21 °C betrug?
d) Im Schaubild wurden die Punkte miteinander verbunden. Entspricht der dargestellte Temperaturverlauf genau der Wirklichkeit?

Uhrzeit und Temperatur

3

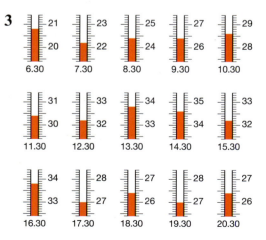

In der Wetterstation Köln werden die nebenstehenden Temperaturen gemessen.
a) Lege eine Tabelle für die Uhrzeit und die Temperatur an.
b) Zu welchen Zeiten erreicht die Temperatur 26,4 °C (27 °C, 33,8 °C)?
c) Trage in ein Achsenkreuz die Werte für die Uhrzeit und die Temperatur ein.
Rechtsachse: 1 Stunde ≙ 1 cm
Hochachse: 1 °C ≙ 1 cm
d) Ab wann steigt (fällt) die Temperatur?
e) Wann zieht ein Wärmegewitter auf?
f) Wie hoch ist die mittlere Temperatur im angegebenen Zeitraum?

Zuordnungen: Wetter beobachten 69

Säulen-diagramm

1 Das Säulendiagramm zeigt die durchschnittliche Niederschlagsmenge in mm für München.

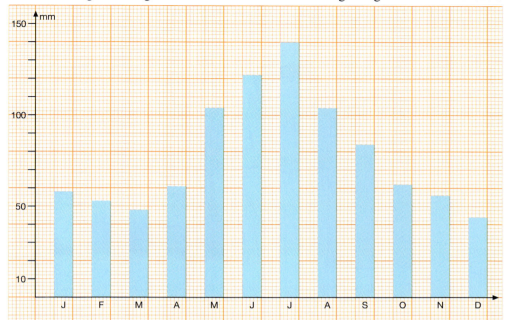

Für jeden **Monat** wird die **Niederschlagsmenge** festgestellt.
a) Ergänze die Tabelle in deinem Heft.
   Lies die fehlenden Werte im Achsenkreuz ab.

Monat	Jan	Feb	Mär
mm	58	53	

b) Berechne die jährliche Niederschlagsmenge und den Jahresdurchschnitt.
   Welche Monate liegen über (unter) dem Jahresdurchschnitt?
c) In welchem Monat fallen die meisten (wenigsten) Niederschläge?

2 a) Die Tabelle enthält die Niederschlagsmengen in mm für Rom und Hamburg.
   Vergleiche.

	Jan.	Feb.	Mär.	Apr.	Mai.	Jun.	Jul.	Aug.	Sep.	Okt.	Nov.	Dez.
Rom	71	61	56	51	46	38	15	20	64	99	150	94
Hamburg	53	29	32	34	68	71	98	88	36	8	67	27

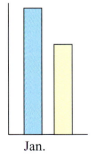
Jan.

b) Vervollständige für beide Städte das Säulendiagramm in deinem Heft.
   Rechtsachse: 1 Monat ≙ 1,5 cm
   Hochachse: 10 mm Niederschlag ≙ 1 cm
   Breite der Säulen: 5 mm
c) Berechne für beide Städte den Monatsdurchschnitt und trage die Werte in das Diagramm ein.
d) In welcher Jahreszeit fallen in den beiden Städten die meisten (wenigsten) Niederschläge?
e) Welche Darstellungsart ist für einen Vergleich günstiger? Nenne Vorteile und Nachteile.

Proportionale Zuordnungen: Schulfest

1 Anita verkauft Lose für das Kinderhilfswerk. Da viele Schüler mehrere Lose auf einmal kaufen, hat sie sich eine Tabelle angelegt.

Lose	1	2	3	4	5	6	7	8	9	10	11	12
Preis	0,50 €	1 €										

a) Vervollständige die Tabelle im Heft.
b) Vergleiche die Preise für 2, 4 und 6 Glückslose. Was stellst du fest?
c) Vergleiche ebenso die Preise für 9 und 3 (8 und 2, 10 und 2) Lose. Finde weitere Zusammenhänge.
d) Frau Weber kaufte dreimal so viel Lose wie Herr Hansen. Vergleiche die Kosten.
e) Herr Haas kauft seinen beiden Kindern Lose für 6 €. Wie oft können Wolfgang und Monika in die Lostrommel greifen?

Proportionale Zuordnung

Je mehr … desto mehr	Je weniger … desto weniger
doppelte Anzahl → doppelter Preis	halbe Anzahl → halber Preis
dreifache Anzahl → dreifacher Preis	ein Drittel der Anzahl → ein Drittel des Preises

300 g Popcorn kosten 1,50 €.

Gewicht	Preis
100 g	0,50 €
300 g	1,50 €
400 g	2,00 €
600 g	3,00 €

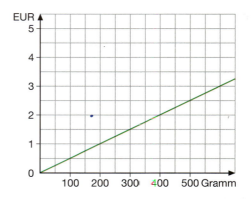

Proportionale Zuordnungen: Schulfest

Wer schlau ist, findet die nötigen Angaben.

1 Auf dem Schulfest werden Süßigkeiten angeboten. Rechne im Kopf.

a) Schokonüsse

Gewicht	Preis
50 g	0,80 €
200 g	
150 g	
300 g	

b) Bonbons

Gewicht	Preis
200 g	1,50 €
	6 €
	9 €
	4,50 €

c) gebrannte Mandeln

Gewicht	Preis
500 g	
250 g	
100 g	
200 g	

d) Popcorn

Gewicht	Preis
300 g	
	0,25 €
	0,75 €
225 g	

2 Willi schenkt an seinem Stand verschiedene Getränke aus. Übertrage die Tabelle ins Heft und vervollständige sie.

a) Heiße Schokolade

Menge	Preis
0,8 l	
0,2 l	0,60 €
0,4 l	
0,5 l	

b) Orangensaft

Menge	Preis
	3,60 €
	0,60 €
	1,35 €
	0,45 €

c) Limonade

Menge	Preis
	1 €
0,5 l	
0,25 l	
	1,50 €

d) Cola

Menge	Preis
0,33 l	
1 l	
0,125 l	
0,25 l	

3 Berechne in deinem Heft die fehlenden Größen.

a) Fischbrötchen

Stück	Preis
	3,30 €
	26,40 €
	8,80 €
	5,50 €

b) Mineralwasser

Stück	Preis
1,2 l	
0,6 l	
0,4 l	
0,2 l	0,65 €

c) Jugendbücher

Stück	Preis
1,5 kg	
4,5 kg	
6 kg	
3 kg	

d) Eis

Stück	Preis
9 Kugeln	
3 Kugeln	
6 Kugeln	
1 Kugel	

4 a) Beim Sackhüpfen meistert Manfred die abgesteckten 15 m in einer Zeit von 1 min 32 s. Alexander muss nach 10 m mit 58 s aufgeben. Wäre er schneller gewesen?
b) Wie lange benötigt Manfred für 600 m? Überlege.

5 Berechne:
a) Jürgen kauft eine Cola, 2 Bratwürste mit Brötchen, 5 Lose und 150 g gebrannte Mandeln. Reichen die 5 Euro Taschengeld aus?
b) Die Geschwister Hans und Steffi haben insgesamt 4,70 Euro verbraucht. Sie überlegen: Wir hatten Limonade, Fischbrötchen und Hans war beim Stelzenlauf. Rechne.

6 Der Hausmeister kauft beim Metzger 9 kg Leberkäse und Brötchen für insgesamt 168 Euro.
a) Wie viele Brötchen kann er belegen, wenn auf einem Brötchen 50 g Leberkäse liegen?
b) Eine Leberkäsebrötchen wird auf dem Schulfest für 1,25 Euro angeboten. Wie hoch ist der Gewinn?

7

Bananenmix
Zutaten für 2 l
3 Bananen
3/4 l Milch
1/8 l Sahne
150 g Zucker
2 gestr. TL Vanillezucker
3 Tropfen Bittermandelöl

a) Evi stellt 20 l Bananenmix her. Was muss sie an Zutaten bereitstellen?
b) Wie viele Becher mit 0,4 l (0,25 l) Inhalt können ausgeschenkt werden?

Dreisatz

1 Gabi, Ingrid und Sonja kaufen zusammen einen 20er Pack Audiokassetten. Gabi nimmt 4 Kassetten, Ingrid 9 und Sonja den Rest. Wie viel Euro muss jede bezahlen?

> Gabi überlegt. 20 Kassetten kosten 35,00 Euro. Wie viel Euro kosten 4 Kassetten?
>
> 20 Kassetten kosten 35,00 Euro
> 1 Kassette kostet 35,00 EUR : 20 = 1,75 Euro
> 4 Kassetten kosten 1,75 EUR · 4 = 7,00 Euro
>
> | Stück | Preis (€) |
> |---|---|
> | 20 | 35,00 |
> | 1 | 1,75 |
> | 4 | 7,00 |
>
> Antwort: 4 Kassetten kosten 7,00 Euro.

Wie viel Euro müssen Ingrid und Sonja bezahlen?

2 Übertrage die folgenden Tabellen in dein Heft und vervollständige sie.

Filme
Stück	Preis (€)
12	30,00
1	
5	

Glühbirnen
Stück	Preis (€)
9	3,15
1	
4	

Audiokassetten
Stück	Preis (€)
18	36,00
1	
7	

Videokassetten
Stück	Preis (€)
5	17,35
1	
8	

Druckerpapier
Paket	Preis (€)
4	19,96
1	
9	

Druckerfarbbänder
Stück	Preis (€)
3	7,92
1	
5	

3 Peter und Tanja kaufen einen 10er-Pack Videokassetten. Peter nimmt 6 Kassetten, Tanja den Rest. Wie viel Euro muss jeder bezahlen?

4 Herr Braun und Herr Schwarz kaufen zusammen einen 50er-Pack Disketten für 14,25 Euro.
a) Herr Braun bezahlt 6,27 Euro. Wie viele Disketten bekommt Herr Braun?
b) Wie viele Disketten bekommt Herr Schwarz? Wie viel Euro muss Herr Schwarz bezahlen?

5 Herr List kann für seine Schule 40 Audiokassetten einkaufen. Soll er aus dem Sonderangebot zwei 20er-Pack oder einen 10er- und einen 30er-Pack kaufen?

L zu Nr. 2 bis Nr. 5: 0,35; 1,4; 2; 2,5; 2,64; 3,47; 4,99; 7,98; 11,92; 12,5; 13,2; 14; 17,88; 22; 27,76; 28; 44,91; 66,1; 70

Rechenvorteile

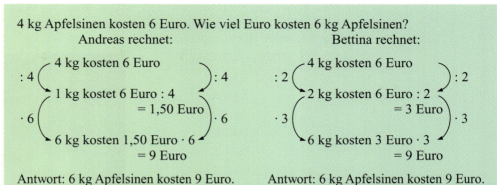

1 Für 9 kg Apfelsinen zahlt Herr Nold 8,55 Euro. Wie viel Euro muss Frau Jung für 6 kg Apfelsinen bezahlen?

2 Acht Becher Limonade kosten 3,20 Euro. Wie viel kosten 10 Becher?

3 Berechne die fehlenden Größen. Verwende einen geeigneten Zwischenschritt. Rechne im Heft wie im Beispiel.

a)
Zeit	Strecke
10 min	14 km
5 min	
25 min	

b)
Zeit	Strecke
12 min	18 km
	42 km

c)
Zeit	Strecke
18 min	45 km
24 min	

d)
Zeit	Strecke
18 min	45 km
	55 km

e)
Zeit	Strecke
30 s	27 m
50 s	

f)
Zeit	Strecke
35 s	42 m
15 s	

g)
Zeit	Strecke
4 h	42 km
10 h	

h)
Zeit	Strecke
10 min	72 km
25 min	

Wohnungs-
renovierung

4 Ein Teppichboden für 24 m² Bodenfläche kostet 600 Euro. Wie viel Euro kostet ein Teppichboden für eine Fläche von a) 28 m² b) 16 m² c) 32 m² d) 40 m²?

5 Frau Müller benötigt für 12 m² Wandfläche im Bad 540 Fliesen. In der Küche will sie noch 8 m² kacheln. Wie viele Fliesen muss sie für die Küche einkaufen?

6 Herr Baumann will sein Haus streichen. Er hat berechnet, dass er 250 m² streichen muss.
  a) Wie viel kg Farbe benötigt er?
  b) Wie viele Eimer Farbe kauft er ein?
  c) Wie viel EUR kostet der Anstrich?

7 Mit 15 m Anlauf schafft Susanne 3,90 m beim Weitsprung. Wie weit kommt sie mit 30 m (45 m, 90 m) Anlauf?

8 Bernd trinkt einen halben Liter Milch in 10 Sekunden. Wie viel Liter schafft er in 25 Sekunden (75 Sekunden, 100 Sekunden)?

Umgekehrt proportionale Zuordnungen

1 Christoph und Ali wollen in den Ferien eine mehrtägige Radtour machen. Jeder hat 60 Euro gespart. Sie überlegen, wie viel sie an einem Tag durchschnittlich ausgeben können.
a) Trage die fehlenden Werte in deinem Heft ein.

Ferientage	Ausgaben pro Tag
1	
2	
3	20 €
4	
5	
6	
7	

b) Vergleiche die täglichen Ausgaben bei 2, 4 und 6 Tagen Dauer. Was stellst du fest?

Umgekehrt proportionale Zuordnung

Je mehr ... desto weniger	Je weniger ... desto mehr
doppelte tägliche Ausgabe → halbe Urlaubsdauer	halbe tägliche Ausgabe → doppelte Urlaubsdauer
dreifache Pumpenanzahl → ein Drittel Arbeitsdauer	drittel Pumpenanzahl → dreifache Arbeitsdauer

6 Bagger schaffen eine Arbeit in 18 Stunden.

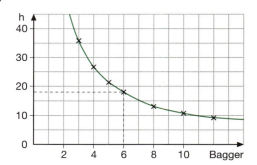

2 Bauer Brinkmann pflegt und versorgt Pferde eines Reitervereins. Für 4 Pferde reicht sein Futtervorrat 60 Tage.
a) Wie lange reicht der Futtervorrat bei 2 Pferden (8 Pferden)?
b) Übertrage die Tabelle ins Heft und fülle sie aus.
c) Ergänze die Sätze:
 „Je mehr Pferde desto ...."
 „Je weniger Pferde desto ...."
d) Zeichne ein Schaubild.
 Rechtsachse: 1 Pferd ≙ 1 cm
 Hochachse: 20 Tage ≙ 1 cm

Pferde	Tage
1	
2	
3	
4	60
5	
6	
8	
10	
12	

Eine Gruppe von 20 Schülerinnen und Schülern möchte das Museum besuchen. Zwei Tage zuvor benötigte eine Gruppe von 15 Schülerinnen und Schülern für den Weg vom Schullandheim zum Museum 45 Minuten. Mit welcher Zeit müssen die 20 Schülerinnen und Schüler rechnen?

Umgekehrt proportionale Zuordnungen

3 Eine bestimmte Menge Tee soll abgepackt werden. Bestimme die Anzahl der Packungen.

a)
Gewicht	Packungen
60 g	20
240 g	■
300 g	■

b)
Gewicht	Packungen
50 g	90
150 g	■
25 g	■

c)
Gewicht	Packungen
45 g	120
225 g	■
450 g	■

4 Bestimme die fehlende Größe.

a) Abfahren von Erde
  4 Lkw benötigen 12 Stunden
  8 Lkw benötigen ■ Stunden
  12 Lkw benötigen ■ Stunden

b) Futtervorrat
  Bei 12 Kühen reicht der Vorrat 30 Tage.
  Bei 4 Kühen reicht der Vorrat ■ Tage.
  Bei 20 Kühen reicht der Vorrat ■ Tage.

5 Ein rechteckiges Grundstück wird gegen ein gleich großes rechteckiges Grundstück getauscht. Bestimme die fehlende Größe.

a)
Länge	Breite
18 m	24 m
36 m	■

b)
Länge	Breite
48 m	21 m
16 m	■

c)
Länge	Breite
120 m	36 m
40 m	■

d)
Länge	Breite
17 m	80 m
68 m	■

6 Stelle fest, ob die folgenden Zuordnungen umgekehrt proportional sind.

a)
Übungszeit	Anzahl der Fehler
2 h	8
6 h	3
9 h	4

b)
Dauer der Fahrt	Tankinhalt
30 min	40 l
60 min	35 l
120 min	25 l

c)
Packungsgewicht	Anzahl der Fehler
100 g	12
50 g	24
20 g	60

7

8 Bei 15 cm Kantenlänge passen in einem rechteckigen Zimmer 36 Fliesen in eine Reihe. Wie viele Fliesen mit der Kantenlänge 30 cm werden für eine Reihe benötigt?

9 In 180 Minuten füllen drei Pumpen ein Becken bis zum Rand voll. Wie viele Pumpen müssen eingesetzt werden, wenn das Becken in 45 Minuten gefüllt werden soll?

10 Eine Messingschiene wird in 24 Stücke zersägt. Jedes Stück ist 15 cm lang. In wie viele Stücke müsste man die Schiene zersägen, damit ein Stück 45 cm lang wird?

Bist du fit?

Kraftstoff-verbrauch

1 Herr Müldner besucht einen Geschäftsfreund. Für die 300 km lange Strecke verbraucht sein Pkw 24 *l* Benzin.
a) Welche Strecke kann Herr Müldner bei gleichem Verbrauch mit 48 *l* (12 *l*, 60 *l*) zurücklegen?
b) Wie hoch ist der Benzinverbrauch für eine Strecke von 30 km (60 km, 360 km)?

2 Übertrage die Tabellen in dein Heft und ergänze. Nutze Rechenvorteile.

Motorrad

Strecke	Verbrauch
300 km	15 *l*
600 km	
150 km	
450 km	

Reisebus

Strecke	Verbrauch
	240 *l*
400 km	120 *l*
200 km	
600 km	

Lkw Auflieger 42 t

Strecke	Verbrauch
300 km	
900 km	450 *l*
	225 *l*
750 km	

Diesellok

Strecke	Verbrauch
500 km	900 *l*
	450 *l*
	225 *l*
625 km	

3

Ferienhotel Friesendeich
2 Wochen Entspannung, Erholung, Urlaub total!

Vorsaison:
Halbpension: 630 Euro pro Person
Vollpension: 805 Euro pro Person
zuzügl. Kurtaxe 3 Euro pro Person und Tag

Hauptsaison:
14 Euro Zuschlag pro Person und Tag

a) Erkläre die Anzeige.
b) Frau Schicke möchte 10 Tage Halbpension in der Vorsaison buchen. Berechne die Kosten.
c) Herr und Frau Nobel wollen 18 Tage bleiben. Mit welchen Kosten müssen sie bei Vollpension in der Hauptsaison rechnen?
d) Herr Wittich will nicht mehr als 475 Euro ausgeben. Wie lange kann er bei Halbpension in der Hauptsaison bleiben?

Wechselkurse

4 Bei einem Urlaub in der Schweiz erhielt Herr Seifert im letzten Sommer für 100 Euro in der Wechselstube 158 SFR (Schweizer Franken). Das Mittagessen kostet für vier Personen 154 SFR. Wie viel Euro entspricht dieser Betrag?

5 Berechne die Preise für die ausgestellten Waren in Euro.

L zu Nr. 1 bis Nr. 5: 2,4; 4,8; 7; 7,5; 22,5; 28,8; 30; 40; 60; 92,5; 97,47; 97,50; 123,75; 125; 150; 150; 162,5; 180; 186,25; 250; 375; 450; 480; 600; 750; 800; 1125; 2682

6 Flächeninhalt und Umfang

78 Flächenvergleich

1 a) Zeichne ein Quadrat mit 12 cm Seitenlänge auf einen Karton und zeichne die Linien ein. Du erhältst die 7 Teile des chinesischen Legespiels Tangram.
b) Schneide die Teile aus und beschreibe sie.

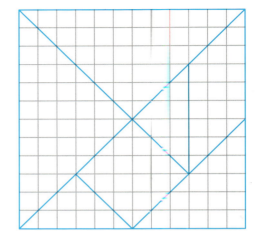

2 Lege die abgebildeten Figuren nach. Versuche andere Figuren zu erfinden.

a) 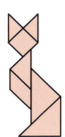   b) 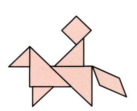   c) 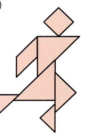   d)

3 Lege die großen Tangramteile mit kleineren Teilen aus. Welche Teile haben den doppelten (vierfachen) Flächeninhalt?

4 Lege die abgebildeten Figuren nach. Welche Figur bedeckt die größte Fläche?

> Die Vielecke bestehen aus den gleichen Teilfiguren. Deshalb haben sie auch den gleichen Flächeninhalt.

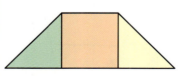  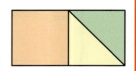

Flächenvergleich

5 a) Übertrage in dein Heft und lege mit den Teilen des Tangram-Spiels aus.
b) Vergleiche den Flächeninhalt der Figuren.

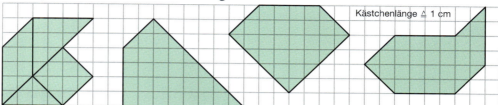

c) Zeichne die Zerlegungslinien ein und male gleich große Teilfiguren mit der gleichen Farbe an.
d) Lege mit den verwendeten Teilen weitere Figuren mit gleichem Flächeninhalt. Zeichne sie ins Heft und trage die Zerlegungslinien ein. Färbe gleich große Teilfiguren mit gleicher Farbe.

6 a) Vergleiche den Flächeninhalt der Figuren.

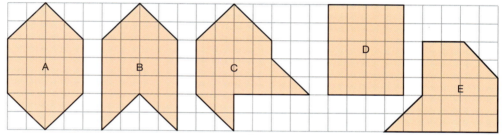

b) Gib den Flächeninhalt der Figuren in cm^2 an (4 Kästchen ≙ 1 cm^2).

7 a) Zeichne die Figuren in dein Heft.

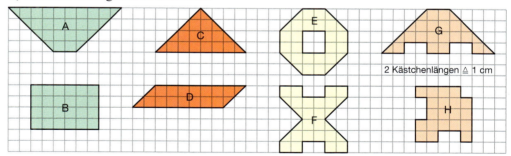

b) Vergleiche jeweils den Flächeninhalt der beiden Figuren mit gleicher Farbe. Zerlege sie in gleiche Teilfiguren. Gib den Flächeninhalt der Figuren in cm^2 an (4 Kästchen ≙ 1 cm^2).

Zerlege das Zifferblatt der Uhr durch zwei gerade Linien in drei Teile. In jedem Teil sollen vier Ziffern stehen, deren Summe jedes mal gleich ist.

Mit Flächeneinheiten rechnen

Maßumwandlungen

Flächeneinheiten
$1\ km^2 = 100\ ha$
$1\ ha = 100\ a$
$1\ a = 100\ m^2$
$1\ m^2 = 100\ dm^2$
$1\ dm^2 = 100\ cm^2$
$1\ cm^2 = 100\ mm^2$
Umwandlungszahl: 100

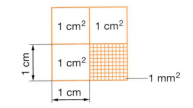

Seitenlänge des Quadrats	1 mm	1 cm	1 dm	1 m	10 m	100 m	1 km
Flächeninhalt des Quadrats	$1\ mm^2$	$1\ cm^2$	$1\ dm^2$	$1\ m^2$	1 a	1 ha	$1\ km^2$

1 In welcher Maßeinheit würdest du die Flächeninhalte der folgenden Flächen angeben? Ackerland, Briefmarke, DIN-A4-Heft, Dorf, Foto, Karten, Klassenraum, Mathematikbuch, Schulhof, Staat, Stadt, Tennisplatz.

2 Verwandle in die angegebene Flächeneinheit.
a) $4\ dm^2 =$ ▢ cm^2
   $800\ cm^2 =$ ▢ dm^2
   $1,5\ m^2 =$ ▢ dm^2
   $2400\ dm^2 =$ ▢ m^2
b) $0,7\ a =$ ▢ m^2
   $1900\ m^2 =$ ▢ a
   $3,6\ ha =$ ▢ a
   $200\ a =$ ▢ ha

3 Verwandle in die nächstkleinere Flächeneinheit.
a) $9\ cm^2$ $2,9\ dm^2$ $7\ dm^2$
   $0,05\ m^2$ $24\ dm^2$ 15 a
   $2,45\ dm^2$ $4,8\ m^2$ $3,5\ km^2$
   $6,45\ cm^2$ $7,92\ m^2$ $12\ cm^2$
b) $5\ m^2$ $6,4\ m^2$ 17 a
   8,36 a 19 ha 5,84 ha
   36,9 ha 8,2 a $36\ km^2$
   20,80 a 9,84 ha $9,2\ km^2$

4 Verwandle in die nächstgrößere Flächeneinheit.
a) $145\ cm^2$ $900\ dm^2$ $77\ dm^2$
   $0,25\ cm^2$ $68\ m^2$ 159 ha
   $8,75\ dm^2$ $43,9\ m^2$ 23,4 ha
b) 17 a $69\ m^2$ $425\ cm^2$
   $19,7\ m^2$ 75 ha 81,2 a
   36 ha 48 a $156\ m^2$
   21,2 a 43 ha $169\ dm^2$
   315 ha 70 ha 7 ha

5 Familie Wessel besitzt ein 45 a großes Grundstück. Zur Hochzeit erhält die Tochter einen Bauplatz von $900\ m^2$ Fläche. Von dem Rest wird ein Bauplatz von $825\ m^2$ verkauft. Berechne den Flächeninhalt des restlichen Grundstücks in Quadratmeter und Ar.

6 Die Gemeinde Rotfeld erschließt ein Baugebiet von 0,87 ha. Für Wege sind 15 a vorgesehen. Die restliche Fläche wird in 12 gleich große Grundstücke aufgeteilt.
a) Berechne die Grundstücksgröße.
b) Die Gemeinde berechnet für einen Quadratmeter 175 Euro. Wie teuer ist ein Grundstück?

7 Frau Jakobi kauft Torf für ihren $384\ m^2$ großen Gemüsegarten. Ein Ballen reicht für $48\ m^2$ und kostet 9,75 Euro.
a) Wie viele Torfballen benötigt sie?
b) Wie viel Euro muss sie für den Torf bezahlen?

L zu Nr. 5 bis Nr. 7: 8; 27,75; 78; 600; 2775; 105 000

Flächeninhalt und Umfang von Rechteck und Quadrat

Rechteck

Flächeninhalt
A = a · b

Umfang
u = a + b + a + b
  = 2 · a + 2 · b

1 Ein Rechteck ist 9 cm lang und 3 cm breit, ein Quadrat ist 5 cm lang und 5 cm breit. Vergleiche ihren Flächeninhalt und ihren Umfang. Was fällt dir auf?

2 a) Berechne den Flächeninhalt der folgenden Rechtecke.
b) Gib den Umfang der Rechtecke an.

Maße in cm

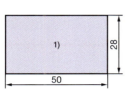
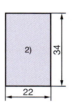

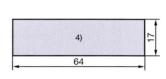

3 Berechne den Flächeninhalt der folgenden Rechtecke. Rechne mit gleichen Maßeinheiten.

Beispiel: Seite a = 25,5 m   Seite b = 16 dm
1. Möglichkeit: a = 25,5 m   b = 1,6 m   2. Möglichkeit: a = 255 dm   b = 16 dm
        A = a · b   A = a · b
        A = 25,5 · 1,6 m^2 A = 255 · 16 dm^2
        A = 40,80 m^2 = 4080 dm^2 A = 4080 dm^2 = 40,80 m^2

	a)	b)	c)	d)	e)	f)	g)	h)
Seite a	18,5 m	24 cm	220 m	3,6 m	7,4 dm	2,25 m	75 mm	260 cm
Seite b	32 dm	0,25 m	0,450 km	36 dm	68 cm	12,4 dm	0,5 dm	1,45 m

4 Berechne die Länge der fehlenden Seite b eines Rechtecks.

a)
	(1)	(2)	(3)	(4)
a	9 cm	32 dm	10 m	8 km
A	144 cm^2	928 dm^2	5 m^2	20 km^2

b)
	(1)	(2)	(3)	(4)
a	7 dm	41 m	20 cm	6 mm
u	52 dm	130 m	41 cm	19 mm

5 In der Waldsiedlung stehen sechs Garagen in einer Reihe. Jede Garage ist 3,25 m breit und 4,80 m lang.
a) Wie groß ist die gesamte Dachfläche?
b) Auf den Garagen wird Dachpappe in Bahnen von 2 m Breite verlegt. Wie viel Bahnen werden geschnitten, wenn die Bahnen immer 15 cm übereinander liegen?
Fertige eine Skizze an.

6 a) Welche quadratische Fläche lässt sich mit 100 Teppichfliesen belegen?
b) Wie viele Fliesen benötigt man für ein 3 m x 4 m großes Zimmer?
c) Die Fliesen werden im Zehnerpack zu 9,75 Euro verkauft. Wie teuer ist der Bodenbelag für das Zimmer?

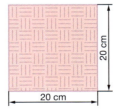

7 Ein Rechteck hat die Seiten a = 4 cm und b = 3 cm. Vergleiche den Flächeninhalt, wenn man
a) die Seite a verdoppelt (verdreifacht),   b) die Seite b verdoppelt (verdreifacht),
c) die Seite a und die Seite b verdoppelt (verdreifacht),

Zusammengesetzte Flächen

1 Frau Schneider legt das Wohnzimmer mit Fertigparkett aus. Sie macht eine Skizze.
a) Wie viel m² Parkett sind erforderlich?
b) Ein m² Fertigparkett kostet 25,80 Euro. Wie teuer ist der neue Fußbodenbelag?

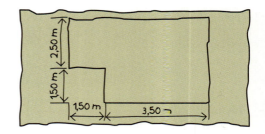

Zusammengesetzte Flächen

a) Zerlegen

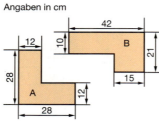

$A = a \cdot b$
$A_1 = 5 \cdot 2{,}5 \text{ m}^2$
   $= 12{,}5 \text{ m}^2$
$A_2 = 3{,}5 \cdot 1{,}5 \text{ m}^2$
   $= 5{,}25 \text{ m}^2$

$A_1 + A_2 = 12{,}5 \text{ m}^2 + 5{,}25 \text{ m}^2$
$A_1 + A_2 = 17{,}75 \text{ m}^2$

b) Ergänzen

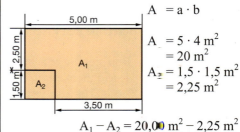

$A = a \cdot b$
$A_1 = 5 \cdot 4 \text{ m}^2$
   $= 20 \text{ m}^2$
$A_2 = 1{,}5 \cdot 1{,}5 \text{ m}^2$
   $= 2{,}25 \text{ m}^2$

$A_1 - A_2 = 20{,}00 \text{ m}^2 - 2{,}25 \text{ m}^2$
$A_1 - A_2 = 17{,}75 \text{ m}^2$

2 a) Bestimme den Flächeninhalt der folgenden Flächen.
b) Gib den Umfang der Flächen an.

Angaben in cm

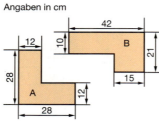 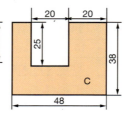 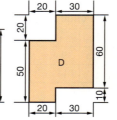 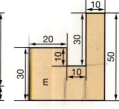

3 Das Tennisspielfeld erhält einen roten Kunststoffbelag, der restliche Tennisplatz einen grünen Belag.
a) Wie viel m² müssen von dem roten Belag gekauft werden?
b) Welche Größe hat der grüne Belag?
c) Der Quadratmeterpreis für den Belag beträgt 47 Euro. Berechne die entstehenden Kosten.

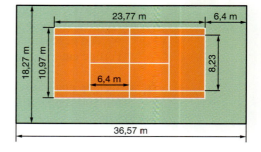

L zu Nr. 1 bis Nr. 3: 528; 585; 457,95; 1300; 1324; 2800; 17,75; 200; 240; 222; 126; 112; 260,76; 407,38; 31 402,29

Typisch Tante Tina

Tante Tina verteilt an Petra, Dirk und Moni ein Geldgeschenk: Petra erhält die Hälfte des Betrages, Dirk die Hälfte vom Rest und Moni den übrig bleibenden Betrag von 10 Euro. Wie viel Euro erhält jeder?

Parallelogramme berechnen

1 Zeichne das Parallelogramm auf ein Blatt Papier und schneide es aus. Zerlege es in Teilfiguren und setze diese zu einem Rechteck zusammen. Es gibt verschiedene Möglichkeiten.

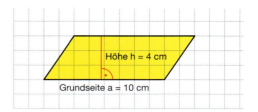

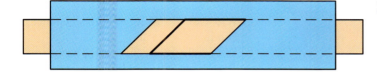

2
a) Bewege den Schieber nach rechts und beobachte.
b) Bewege den Schieber so weit nach rechts, bis das dick umrandete Parallelogramm verschwindet. Um wie viel cm hast du es verschoben? Bestimme mit dem Gerät den Flächeninhalt des Parallelogramms.

Flächeninhalt

Wir wandeln das Parallelogramm in ein flächengleiches Rechteck um: $A_\square = A_\square$

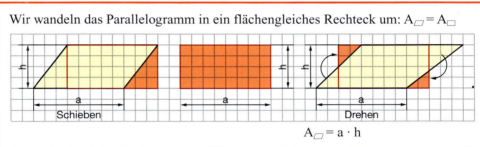

$A_\square = a \cdot h$

Parallelogramme mit gleicher Grundseite und gleicher Höhe haben den gleichen Flächeninhalt.

3 Übertrage die Parallelogramme in dein Heft. Trage die Grundseite g blau, die Höhe h rot ein. Berechne den Flächeninhalt.

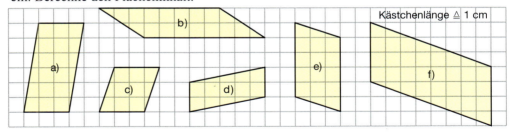

Kästchenlänge ≙ 1 cm

4 Zeichne die Parallelogramme in dein Heft und bestimmte ihren Flächeninhalt. Warum ist der Flächeninhalt von allen vier Figuren gleich groß? Vergleiche auch den Umfang.

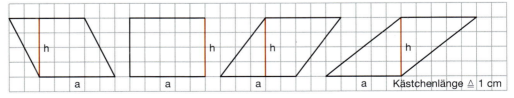

Kästchenlänge ≙ 1 cm

Parallelogramme berechnen

1 Berechne den Flächeninhalt folgender Parallelogramme. Achte auf die Maßeinheit.

	a)	b)	c)	d)	e)	f)	g)	h)	i)
Grundseite a	12 cm	3 m	8,4 dm	65 mm	9,3 cm	152 dm	36 cm	70 m	46,2 cm
Höhe h	50 cm	8 dm	0,7 m	1,8 cm	60 mm	90 m	3,6 dm	66 dm	345 mm
Flächeninhalt A									

2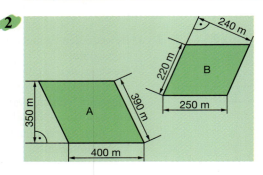

Zwei Waldstücke sollen aufgeforstet werden.
a) Wie viel m² Wald werden entstehen? Gib in a und ha an.
b) Wie viele junge Fichten werden gesetzt, wenn pro ha 4000 Stück gerechnet werden?
c) Die Waldstücke sollen eingezäunt werden. Wie viel Meter Maschendraht werden gekauft?

3 Bauer Gärtner verkauft drei Grundstücke als Bauland.
a) Berechne die Größe der Äcker.
b) Die Bauplätze sollen 550 m² groß werden. Wie viele Bauplätze entstehen nach der Umlegung?
c) Für einen Quadratmeter bekommt Herr Gärtner 86 EUR.

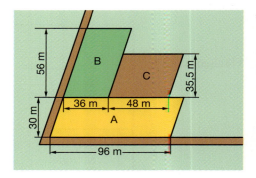

4 Zeichne die Parallelogramme und bestimme ihren Flächeninhalt.

	a)	b)	c)	d)	e)
Grundseite a	12 cm	10 cm	8 cm	6 cm	5,5 cm
Höhe h	7 cm	6 cm	9 cm	3 cm	2,5 cm
α	60°	146°	70°	135°	40°

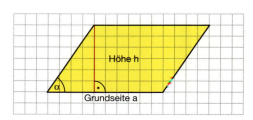

5 Rechne wie im Beispiel. Achte auf die Maßeinheiten.

Umkehraufgabe

Gegeben: Parallelogramm Gesucht: a Formel: $A = a \cdot h$
$A = 45$ m²   Einsetzen: $45 = a \cdot 6$
$h = 60$ dm $= 6$ m Umkehraufgabe: $a = 45 : 6$
  $a = 7,5$

Die Seite a ist 7,5 m lang.

a) h = 2 dm, A = 150 cm² b) A = 9 cm², h = 20 mm c) h = 40 cm, A = 38 dm²
d) a = 7,8 cm, A = 19,5 cm² e) A = 21 m², a = 60 dm f) a = 6,4 m, A = 19,2 m²

L zu Nr. 2 bis Nr. 5: 2,5; 3; 7,5; 12; 13,75; 18; 19,28; 35; 45; 60; 72; 84; 95; 1704; 1928; 2016; 2520; 2880; 77 120; 192 800; 567 600

Dreiecke berechnen

1 Gärtner Immel will die Giebelscheiben seines Treibhauses selbst erneuern. Wie viel Glas bestellt er?

2 a) Zeichne die Dreiecke und schneide sie zweimal aus.
b) Lege zwei Dreiecke zu einem Viereck. Welche Formen erhältst du?
c) Vergleiche jeweils den Flächeninhalt von Dreieck und Gesamtfigur.
d) Übertrage die Dreiecke in dein Heft und ergänze sie zu einem Rechteck oder zu einem Parallelogramm.

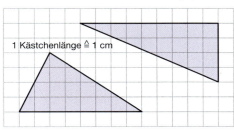

Flächeninhalt

Wir ergänzen zu einem Rechteck oder Parallelogramm mit doppeltem Flächeninhalt:
$A_\triangle = \frac{A_\square}{2}$

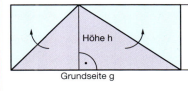

$$A_\triangle = \frac{g \cdot h}{2}$$

Dreiecke mit gleicher Grundseite und gleicher Höhe haben den gleichen Flächeninhalt.

3 Übertrage die Dreiecke in dein Heft. Trage die Grundseite g blau, die Höhe h rot ein. Berechne den Flächeninhalt.

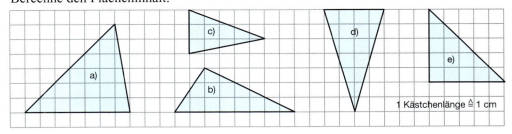

4 Vergleiche den Flächeninhalt der Dreiecke.
Dreieck (1): g = 6 cm, h = 4 cm   Dreieck (2): g = 4 cm, h = 6 cm
Dreieck (3): g = 3 cm, h = 8 cm   Dreieck (4): g = 8 cm, h = 3 cm
Dreieck (5): g = 2 cm, h = 12 cm   Dreieck (6): g = 12 cm, h = 2 cm

Dreiecke berechnen

1 Gib den Flächeninhalt der Dreiecke an. Bestimme auch den Umfang.

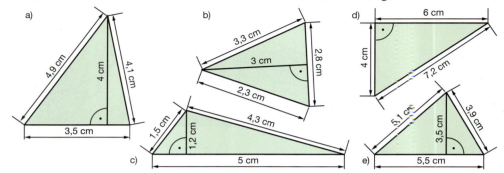

2 Berechne den Flächeninhalt der Dreiecke. Achte auf die Maßeinheit.

	a)	b)	c)	d)	e)	f)	g)	h)	i)
Grundseite g	24 dm	58 m	128 mm	60 dm	1220 cm	39,6 dm	12,5 m	30 mm	0,56 m
Höhe h	18 cm	73 dm	7,4 cm	12 m	90,5 dm	4,5 m	450 cm	16,8 dm	48 cm

3 Zeichne die Dreiecke in dein Heft und bestimme ihren Flächeninhalt. Welche Dreiecke sind gleich groß? Begründe. Vergleiche auch den Umfang.

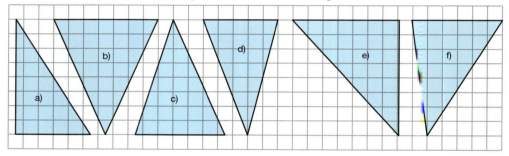

4 a) Das Großsegel einer „470er Jolle" ist 6230 mm hoch und 2650 mm breit. Bestimme die Segelfläche.
b) Vergleiche die Größe der Segel anderer Bootsklassen.

	Höhe	Breite
470er	6230 mm	2650 mm
Finn-Dinghi	6000 mm	3270 mm
Flying Dutchman	6800 mm	2840 mm
Soling	9170 mm	3200 mm

L zu Nr. 1 bis Nr. 4: 3; 4,2; 7; 8,25; 8,4; 9,625; 9,66; 9,81; 10,8; 12; 12,5; 14,5; 14,67; 17,2; 20; 20; 21,8; 22,4; 23,1; 23,5; 24; 24; 24,5; 25,6; 28; 28; 891; 1344; 2160; 3600; 4736; 21 170; 281 250; 361 200; 552 050; 6 405 000; 8 254 750; 9 656 000; 9 810 000; 14 672 000

Trapeze berechnen

1 Beim Fußballspielen hat Frank die Scheibe des Nachbarn getroffen.
Sein Vater meldet den Schaden der Versicherung. Der Nachbar lässt den Schaden von der Firma „Glas-Schneider" beheben. Für 1 m² Fensterglas werden 80 EUR berechnet.

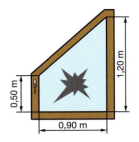

2 a) Zeichne die Trapeze zweimal und schneide sie aus.
b) Lege jeweils zwei Trapeze zu einem Parallelogramm mit doppeltem Flächeninhalt zusammen. Wie lang ist die Grundlinie des Parallelogramms? Zeichne das Trapez in dein Heft.
c) Verwandle jedes Trapez in ein Rechteck mit gleichem Flächeninhalt. Zeichne deine Lösung in dein Heft.
d) Berechne den Flächeninhalt der Trapeze.
e) Miss die Seitenlängen und bestimme den Umfang der Trapeze.

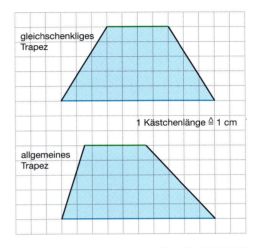

Flächeninhalt

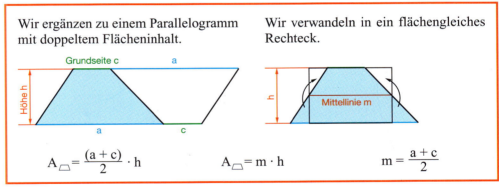

Wir ergänzen zu einem Parallelogramm mit doppeltem Flächeninhalt.

Wir verwandeln in ein flächengleiches Rechteck.

$$A_\square = \frac{(a+c)}{2} \cdot h \qquad A_\square = m \cdot h \qquad m = \frac{a+c}{2}$$

3 Übertrage die Trapeze in dein Heft. Trage die Grundseite a blau, die Grundseite c grün und die Höhe h rot ein. Berechne den Flächeninhalt. Miss die Seitenlängen und bestimme den Umfang der Trapeze.

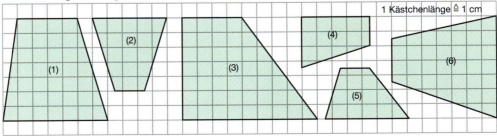

Bist du fit?

1 Berechne Flächeninhalt und Umfang.

a) Rechteck

	A	B	C	D	E
a	58 cm	3,6 cm	0,96 dm	76,3 cm	12,3 m
b	97 cm	0,8 m	1,02 dm	83,7 cm	31,2 m

b) Quadrat

	A	B	C	D	E
a	15 dm	35 m	42 cm	1,2 m	2,9 dm

L zu Nr. 1: (Flächeninhalt) 0,9792; 1,44; 2,88; 8,41; 225; 383,76; 1225; 1764; 5625; 6386,31; (Umfang) 3,96; 4,8; 1,672; 11,6; 60; 87; 140; 168; 310; 320

2 Berechne den Flächeninhalt.

a) Parallelogramm

	A	B	C	D	E
g	42 dm	6,8 cm	12,9 m	3,7 cm	99 m
h	17 dm	4,5 cm	20,3 m	6 cm	99 m

b) Dreieck

	A	B	C	D	E
g	56 cm	8,2 dm	31,3 m	14,3 dm	37 cm
h	13 cm	6,5 dm	21,7 m	7 dm	27 cm

3 Berechne den Flächeninhalt der Figuren.

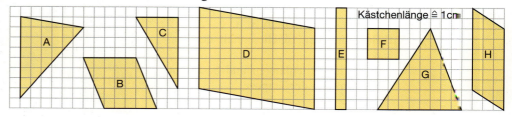

L zu Nr. 2 und Nr. 3: 9; 10; 14; 22,2; 24; 25; 26,65; 30,6; 32; 50,05; 88; 261,87; 339,605; 364; 499,5; 714; 9801; 24

4 Bestimme den Flächeninhalt der zusammengesetzten Flächen.

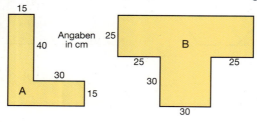
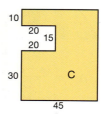
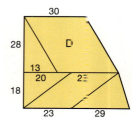

5 Berechne den Flächeninhalt der Figuren. Achte auf die Maßeinheit.
  a) Quadrat: a = 5,8 m
  b) Rechteck: a = 12,9 dm, b = 2,25 m
  c) Parallelogramm: g = 45 cm, h = 0,9 m
  d) Dreieck: g = 24,5 dm, h = 18,3 cm

6 Für die Verglasung des Hallenbades werden 146 rechteckige Fenster von 2,50 m Breite und 1,10 m Höhe benötigt. Wie viel m² Glas müssen bestellt werden?

L zu Nr. 4 bis Nr. 6: 401,5; 1275; 1877; 2175; 2900; 4050; 22 417,5; 29 025; 336 400

7 Ein rechteckiger Marktplatz ist 34 m lang und 36 m breit. Ein flächengleicher dreieckiger Platz hat eine Gruzndseite von 48 m. Welchen Abstand hat die gegenüberliegende Ecke?

8 Ein Parallelogramm mit der Grundseite g = 64 cm und der Höhe h = 42 cm hat den gleichen Flächeninhalt wie ein Dreieck, das 48 cm hoch ist. Bestimme die Grundseite.

7 Prozentrechnung

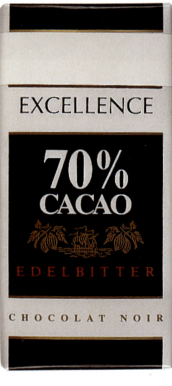

1 Der SV Brackwede besiegte den SC Herford mit 6:1. Auf dem Weg in die Kabine unterhalten sich die Spieler des SV Brackwede. Beurteile die Aussagen der Spieler.

2 Martina und Nicole waren in ihrer Handballmannschaft bei einem Trainingsspiel Torhüter. Martina hat 9 von 20 Siebenmeterwürfen, Nicole 12 von 30 Siebenmeterwürfen gehalten. Wen würdest du beim nächsten Punktspiel ins Tor stellen?

Wir vergleichen die Anzahlen (absoluter Vergleich)

Nicole:	Martina:
●●●●● ●●●●● ○○○○○	●●●●● ○○○○○
●●●●● ○○○○○ ○○○○○	●●●● ○○○○○ ○

Nicole hat 12 Siebenmeter gehalten.   Martina hat 9 Siebenmeter gehalten.

$$12 > 9$$

Nicole hat mehr Siebenmeter gehalten.

Wir vergleichen die Bruchteile (relativer Vergleich)

Nicole hat   Martina hat
12 von 30 Siebenmeter gehalten.   9 von 20 Siebenmeter gehalten.

12 von 30 = $\frac{12}{30}$ = $\frac{24}{60}$ 9 von 20 = $\frac{9}{20}$ = $\frac{27}{60}$

$$\frac{24}{60} < \frac{27}{60}$$ Martina hat besser gehalten.

3 Im nächsten Punktspiel hatte Klaus 7 Torchancen und erzielte 3 Treffer, Peter hatte 5 Torchancen und schoss 2 Tore. Vergleiche.

4 In der ersten Halbzeit wehrte Martina 10 von 24 Torwürfen ab, in der zweiten Halbzeit stand Nicole im Tor und hielt 7 von 15 Torwürfen. War es von der Trainerin richtig, Martina auszuwechseln?

5 Von den 28 Schülern der Klasse 7a sind 21 Schwimmer, von den 25 Schülern der Klasse 7c können 5 Schüler nicht schwimmen. Vergleiche.

6 Kannst du sinnvoll vergleichen? Der neunjährige Stefan springt 1,95 m weit. Sein elfjähriger Bruder schafft 2,45 m, seine vierzehnjährige Schwester kommt auf 3,60 m.

Absoluter und relativer Vergleich

Sport

1 Von den 18 Jungen der 7a spielen 6 Fußball, 4 Handball und 3 Tischtennis. Von den 15 Jungen der 7b spielen 5 Fußball, 3 Handball und 4 Tischtennis. Vergleiche.

2 7 Mädchen der 7a spielen Handball, 3 Tennis, 2 betreiben Leichtathletik. Von den 16 Mädchen der 7b spielen 8 Handball, 4 Tennis, der Rest ist bei den Leichtathleten.

3 Aufzeichnungen der Handballtrainerin Frau Scholl.

	Anja	Birgit	Christa	Doris	Gegner
Torwürfe:	‖‖‖ ‖‖‖	‖‖‖ ‖‖‖	‖‖‖ ‖‖‖ ‖‖	‖‖‖ ‖‖‖ ‖‖‖	‖‖‖ ‖‖‖ ‖‖‖ ‖‖‖ ‖‖‖ ‖‖‖ ‖‖‖ ‖‖‖ ‖‖‖
Tore:	‖‖	‖‖‖	‖‖‖	‖‖‖ ‖	‖‖‖ ‖‖‖ ‖‖‖ ‖‖‖

a) Mit welchem Ergebnis endet das Spiel?
b) Wer hat die meisten Treffer erzielt?
c) Wer ist der beste Torschütze?
d) Welche Mannschaft hat die Torchancen besser genutzt?

4 Bundesjugendspiele

	7a	7b	7c	7d
Schülerzahl	30	32	33	28
Ehrenurkunden	8	7	11	10
Siegerurkunden	18	19	14	15

Vergleiche nach den Anzahlen und nach den Bruchteilen
a) die Ehrenurkunden,
b) die Siegerurkunden,
c) die Ehren- und Siegerurkunden.

Probearbeiten

5 Im Diktat haben von den 28 Schülern der Klasse 7a sieben Schüler die Note 1 erhalten. Von den 24 Schülern der Klasse 7b waren es 6 Schüler. In welcher Klasse ist der Anteil der Schüler, die die Note 1 erhielten größer?

6 In drei Mathematikarbeiten erreichte Anja folgende Punkte:
erste Arbeit: 32 von 40 möglichen Punkten, zweite Arbeit: 24 von 30 möglichen Punkten, dritte Arbeit: 18 von 20 möglichen Punkten.
In welcher Arbeit hat sie am besten abgeschnitten?

Klassenfest

7 In der Tombola der 7a waren 80 Lose und 24 Treffer. Die Tombola der 7b enthielt 60 Lose. Davon waren 45 Nieten. Bei welcher Tombola waren die Gewinnchancen größer?

8 Beim Dartswerfen erreichte Bernd 24 von 40 Ringen, Angelika 16 von 20 Ringen und Sonja 18 von 30 Ringen. Vergleiche.

9 Der Hausmeister verkaufte Getränke. Welches Getränk war am beliebtesten?

	leer	voll
Limonade	24	6
Orangensaft	15	3
Mineralwasser	8	20
Kakao	12	4

Prozentbegriff

1 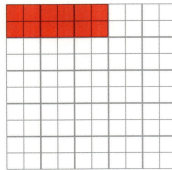 Zu Schuljahresbeginn konnten die 7. Klassen zwischen drei Arbeitsgemeinschaften wählen.

Klasse	Schüler-zahl	Arbeitsgemeinschaften		
		Video	Theater	Experimente
7a	25	3	6	5
7b	20	4	5	7

3 von 25 oder 12 von 100 oder 12 Prozent

$\frac{3}{25} = \frac{12}{100} = 12\%$

Das Wort Prozent kommt vom italienischen „per cento".
Es bedeutet „von hundert".

a) Bestimme für jede Klasse die Anteile der Arbeitsgemeinschaften, schreibe diese als Hundertstelbrüche und in Prozenten.
b) Ermittle ebenso, wie viel Prozent der Mädchen (Jungen) an Arbeitsgemeinschaften teilgenommen haben: 8 Jungen in 7a, 9 Mädchen in 7b.

> Anteile lassen sich leicht vergleichen, wenn man sie in Brüche mit dem Nenner 100 umwandelt.
> Statt Hundertstel schreibt man auch Prozent: $\frac{3}{25} = \frac{12}{100} = 0{,}12 = 12\%$ *(Lies: 12 Prozent)*

2 Trage die Anteile in ein Hunderterfeld ein.
a) $\frac{16}{100}$; $\frac{42}{100}$; $\frac{3}{100}$; $\frac{21}{100}$; $\frac{18}{100}$ b) 20%; 15%; 48%; 12%; 5% c) 6%; $\frac{39}{100}$; 28%; 20%; $\frac{7}{100}$

3 Hast du das schon einmal gehört?
a) Ich bin mir 100% sicher.
b) Monika und Hans teilen „fifty-fifty".
c) Die Niederschlagswahrscheinlichkeit liegt bei 70%.
d) Wir wissen nicht einmal ein millionstel Prozent aller Dinge. (Edison)

4 Gib den Anteil der farbigen Fläche an. Schreibe als Bruch und als Prozent.

Beispiel: $\frac{1}{5} = \frac{20}{100} = 20\%$

a) 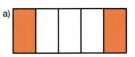 b)  c) 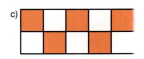 c)

e) f) g) h)

5 Schreibe als Prozent.
a) $\frac{1}{2}$ $\frac{3}{50}$ $\frac{15}{20}$ $\frac{3}{4}$ $\frac{9}{10}$ $\frac{7}{25}$
b) $\frac{34}{200}$ $\frac{156}{600}$ $\frac{213}{300}$ $\frac{75}{500}$ $\frac{612}{900}$
c) $\frac{9}{60}$ $\frac{153}{170}$ $\frac{91}{130}$ $\frac{12}{15}$ $\frac{144}{240}$

Prozentbegriff: Bruch, Dezimalbruch, Prozent 93

Übung macht den Meister

1 Verwandle die Prozentangaben in Brüche. $60\% = \frac{60}{100} = \frac{6}{10} = \frac{3}{5}$

a) 10 % 20 % 40 % 50 %   b) 5 % 25 % 55 % 75 %   c) 12 % 18 % 24 % 32 %

2 Übertrage die Figuren in dein Heft. Male die angegebenen Teile aus.

Beispiel: $40\% = \frac{40}{100} = \frac{4}{10} = \frac{2}{5}$

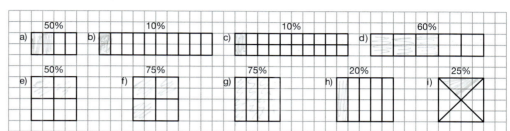

3 Zeichne vier Rechtecke (a = 6 cm; b = 4 cm) und stelle 25 % auf verschiedene Weise dar.

4 Zeichne Streifen und färbe die Anteile:
a) Streifenlänge 10 cm: 50 %   25 %   75 %   60 %   35 %
b) Streifenlänge 20 cm: 10 %   40 %   75 %   80 %   20 %

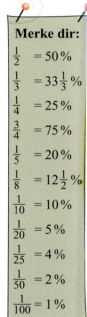

Merke dir:
$\frac{1}{2} = 50\%$
$\frac{1}{3} = 33\frac{1}{3}\%$
$\frac{1}{4} = 25\%$
$\frac{3}{4} = 75\%$
$\frac{1}{5} = 20\%$
$\frac{1}{8} = 12\frac{1}{2}\%$
$\frac{1}{10} = 10\%$
$\frac{1}{20} = 5\%$
$\frac{1}{25} = 4\%$
$\frac{1}{50} = 2\%$
$\frac{1}{100} = 1\%$

5 Gib die rot und gelb gefärbten Flächen als Bruch und in Prozent an. Addiere bei jeder Aufgabe die Prozentanteile. Was stellst du fest?

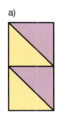 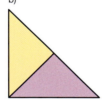 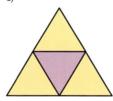 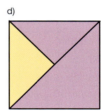 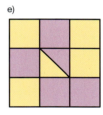

6 Schreibe zuerst als Hundertstel, dann als Dezimalbruch.

$25\% = \frac{25}{100} = 0{,}25$

a) 10 % 20 % 50 % 75 %   b) 35 % 48 % 65 % 83 %   c) 1 % 3 % 5 % 7 % 9 %

7 Schreibe als Hundertstel, dann als Prozent: $0{,}03 = \frac{3}{100} = 3\%$

a) 0,03 0,04 0,06 0,09   b) 0,12 0,24 0,45 0,71   c) 0,4 0,6 0,7 0,8 0,9

8 Nutze den Rechenvorteil.
25 % von 244

a) 50 % von 960   b) 10 % von 430
   $12\frac{1}{2}$ % von 718 $33\frac{1}{3}$ % von 534
   75 % von 895   5 % von 280
   20 % von 350   4 % von 175

Prozentbegriff: Bruch, Dezimalbruch, Prozent

1 Übertrage die Tabelle in dein Heft und fülle sie aus. $1\frac{1}{2} = 1\frac{50}{100} = 1{,}50 = 150\%$

Das sind aber mehr als 100%

	a)	b)	c)	d)	e)	f)	g)
Bruch	$7\frac{3}{5}$				$3\frac{3}{4}$		$1\frac{22}{50}$
Dezimalbruch		2,55		5,81			
Prozent			103 %			305 %	

2 Verwandle die Brüche in Dezimalbrüche, runde auf Hundertstel und gib in Prozent an.

$\frac{7}{24} = 0{,}2916\ldots \approx 0{,}29 \approx 29\%$

a) $\frac{3}{14}$; $\frac{8}{9}$; $\frac{6}{13}$; $\frac{5}{6}$; $\frac{2}{7}$; $\frac{1}{3}$; $\frac{11}{12}$; $\frac{19}{23}$

b) $\frac{42}{31}$; $\frac{89}{78}$; $\frac{367}{99}$; $1\frac{80}{157}$; $3\frac{91}{137}$; $7\frac{144}{222}$; $\frac{13}{12}$

3 Setze „>", „<" oder „=" richtig ein.

a)
1,2 ▢ 12 %
$\frac{3}{4}$ ▢ 0,07
37,5 ▢ $\frac{375}{10}$

b)
$\frac{3}{5}$ ▢ 0,60
70 % ▢ 0,72
$\frac{9}{20}$ ▢ 45 %

c)
$\frac{1}{11}$ ▢ 8 %
0,4 ▢ 0,04
90 % ▢ 0,9

4 Ludwig erhält 15 Euro Taschengeld und spart davon 3 Euro. Stefan bekommt 24 Euro und spart 4,50 Euro. Gib den Anteil als Bruch und in Prozent an. Vergleiche.

5 Bestimme den Anteil der Miete am Einkommen in Prozent.

Familie	Müller	Schäfer	Schneider	Huber	Franz
Miete	455 €	539 €	225 €	728 €	312 €
Einkommen	1780 €	2450 €	1250 €	2800 €	1560 €

6 Aus 400 Eiern schlüpften im Brutapparat 356 Küken. Wie viel Prozent der Eier wurden ausgebrütet?

7 a) Bauer Geiger hält 128 Legehennen. Er kauft noch 160 dazu. Um wie viel Prozent hat er den Bestand an Hennen erhöht?
b) Von den 288 Legehennen erhielt er an einem Tag 216 Eier, an einem anderen Tag nur 180 Eier. Wie viel Prozent der Hühner legten jeweils?

8 Wo ist der Anteil an Brucheiern am größten?

Prozentbegriff: Grundwert – Prozentwert – Prozentsatz   95

Schule

1 An der Pestalozzischule München wurde aus den 7. Klassen eine Handballgruppe gebildet.

	Klasse (Ganzes)	Handballer (Teil vom Ganzen)	Bruchteil oder Prozent
7a	30 Schüler	6 Schüler	$\frac{6}{30} = \frac{2}{10} = 20\%$
7b	32 Schüler	8 Schüler	
7c		7 Schüler	$= 28\%$
7d	28 Schüler		$= 25\%$

Übertrage ins Heft und vervollständige.

Der Grundwert ist immer 100 %.

2 Lege eine Tabelle an, ordne die Angaben richtig ein und bestimme die fehlenden Werte.

a) In der Hauptschule sind 10 % von 340 Schülern an Grippe erkrankt.
b) 6 von 30 Schülern einer Klasse gehören der Schach AG an.
c) An der Klassensprecherwahl beteiligten sich 30 Schüler. Andrea erhielt 27 Stimmen.
d) Mit dem Fahrrad kommen 20 % der 400 Grundschüler zur Schule.
e) In Ninas Klasse können 50 % schwimmen. Das sind 11 Schüler.
f) Von den 20 Schülern einer Hauptschulklasse fahren 90 % ins Schullandheim.
g) Von 40 Schülern haben 32 an der Schluckimpfung teilgenommen.
h) 35 Schüler sind gegen Röteln geimpft. Das sind 70 %.

Bezeichnungen beim Prozentrechnen

Von 30 Schülern der Klasse 7a haben 6 Schüler Handball gewählt.   Das sind $\frac{6}{30} = \frac{2}{10} = \frac{20}{100} = 20\%$.

Ganzes — **Grundwert (G)**   Teil vom Ganzen — **Prozentwert (P)**   Bruchteil — **Prozentsatz (p %)**

3

a) Bernhard bekommt 15 Euro Taschengeld. Für Süßigkeiten verbraucht er 3 Euro.
b) Monika erhält 20 Euro Taschengeld. Sie spart 20 %.
c) Klaus bekommt von seinem Onkel 30 Euro. Das sind 15 % des Urlaubsgeldes.
d) Frau Wagner hat ein Monatseinkommen von 1800 Euro. Sie bezahlt 300 Euro Miete.
e) Herr Hammer gab im letzten Monat 180 Euro für das Auto aus. Das waren 10 % des Verdienstes.
f) Ein Händler bringt 200 Gurken auf den Markt. Er verkauft 75 %.
g) Von 100 Apfelsinen waren 8 faul.
h) Bei einer Lieferung von 100 Äpfeln musste der Obsthändler 30 % aussortieren.

4 a) Wie viel Liter fasst der Tank?
b) Zu wie viel Prozent ist der Tank gefüllt?
c) Wie viel Liter sind im Tank?

5 Frau Schillo hat noch 15 Liter im Tank. Das sind 20 % des Tankinhalts. Wie viel Liter passen in den Tank?

Prozentwert berechnen

1 Wie viele Schüler nannten Informatik? Überlege. Was ist gegeben? Was ist gesucht?

Von 400 Schülern nannten 16 % Informatik. Wie viele Schüler sind das?

Ganzes	Bruchteil	Teil
Grundwert (G)	**Prozentsatz (p %)**	**Prozentwert (P)**
Gegeben: G = 400 Schüler	p % = 16 %	*Gesucht:* P = ■ Schüler

Lösen mit dem Dreisatz

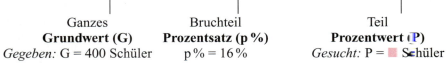

Lösen mit dem Operator

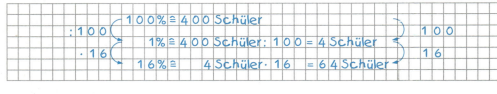

Antwort: 64 der befragten Schüler nannten Informatik.

Manche Taschenrechner zeigen nach dem Drücken der %-Taste sofort das Ergebnis. Welche Tastenfolge benötigt dein Taschenrechner? Ergänze den Steckbrief.

2 Wie viele Schüler haben Englisch, Deutsch, Mathematik und Sport als Lieblingsfach?

3 Berechne den Prozentwert.

a)
12 % von 2000 €
23 % von 3650 €
15 % von 2100 €
45 % von 1350 €
39 % von 2365 SFR
17 % von 9560 SFR
33 % von 4500 SFR
39 % von 6375 SFR

b)
8 % von 450 kg
3 % von 600 kg
9 % von 1150 kg
7 % von 1756 kg
38 % von 280 t
17 % von 570 t
65 % von 780 t
93 % von 810 t

c)
70 % von 660 ha
61 % von 940 ha
23 % von 1370 ha
38 % von 15000 ha
59 % von 750 m^2
11 % von 1240 m^2
78 % von 7300 m^2
93 % von 5640 m^2

Prozentwert berechnen

1 Berechne den Prozentwert im Kopf.
   a) 10 % von 140 €, 220 €, 380 €
   b) 5 % von 120 kg, 380 kg, 560 kg, 740 kg
   c) 1 % von 1325 m, 1748 m, 1956 m
   d) 25 % von 160 hl, 280 hl, 380 hl, 560 hl
   e) 4 % von 1200 g, 1800 g, 2700 g, 3500 g
   f) 9 % von 400 a, 700 a, 1200 a, 1900 a

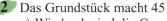

2 Das Grundstück macht 45 % der Gesamtkosten aus.
   a) Wie hoch sind die Grundstückskosten?
   b) Wie teuer kommen das Haus und die Garage?

3 Ein Baugrundstück hat eine Fläche von 532 m². Die Grundfläche des Hauses soll 14,5 % der Grundstücksfläche betragen, für die Garage werden 3 %, für die Zufahrt 5 % und für die Terrasse 4 % der Grundstücksfläche benötigt. Gib die jeweiligen Flächen in m² an.

4 Ein Haus hat eine Nutzfläche von 250 m². Davon dienen 65 % als Geschäft. Wie viel m² Nutzfläche dienen als Geschäft?

5 Familie Heinrich hat sich eine neue Wohnzimmereinrichtung gekauft.
   a) Wie viel kostet diese Einrichtung?
   b) Sie erhält einen Nachlass von 25 %. Wie viel Euro hat sie gespart?
   c) Familie Welsch hat nur die Couch und zwei Sessel gekauft. Wie viel Euro hat sie bei 15 % Nachlass gespart?
   d) Familie Renno hat nur den Wohnzimmerschrank gekauft. Wie viel Euro sparen sie bei einem Nachlass von 8 %?

Urlaub

6 Das Hotel Seeblick ist voll belegt. Von den 280 Gästen kommen 15 % aus Dänemark, 30 % aus den Niederlanden, 45 % aus Deutschland und der Rest aus Italien. Wie viele Gäste kommen aus den einzelnen Ländern?

7 Familie Dorfner fährt im Urlaub auf einer Passstraße. Dort steigt ein 500 m langes Straßenstück um 50 m an. Man sagt: Eine Steigung von $\frac{50}{500} = \frac{10}{100} = 10\%$.
   a) Auf den nächsten 1000 m steigt die Straße zunächst mit 13 %, anschließend steigt die Straße mit 9 % auf einer Länge von 1600 m. Berechne den jeweiligen Höhenunterschied in Meter.
   b) Bei der Abfahrt von der Passhöhe ins Tal fällt die Straße zunächst auf einer Länge von 1200 m mit 8 %, anschließend auf einer Länge von 1400 m mit 12 %. Berechne den jeweiligen Höhenunterschied in Meter.
   c) Vor der Passstraße befand sich Familie Dorfner auf 780 m ü. M. (Meter über dem Meeresspiegel). Auf welcher Höhe befindet sich Familie Dorfner nach der Passabfahrt?

L zu Nr. 2 bis Nr. 7: 15,96; 21,28; 26,6; 28; 42; 77,14; 84; 96; 112; 126; 130; 144; 162,5; 168; 343,50; 840; 992,25; 3969; 191 250; 233 750

98　Grundwert berechnen

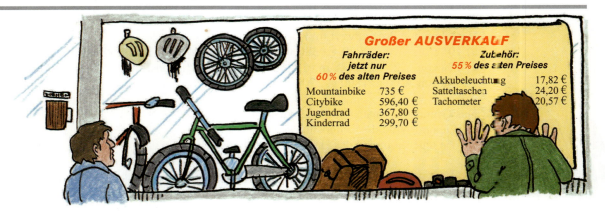

1 Wie viel Euro kostete der Tachometer vor dem Ausverkauf?
　Überlege: Was ist gegeben? Was ist gesucht?

　Gegeben: Prozentwert P = 20,57 €
　　　　　Prozentsatz p % = 55 %
　Gesucht: Grundwert G = ■ €

Lösen mit dem Dreisatz

```
            55 % ≙ 20,57 €
: 55 (                                ) : 55
· 100      1 % ≙ 20,57 € : 55 = 0,374 €    · 100
           100 % ≙ 0,374 € · 100 = 37,40 €
```

Lösen mit dem Operator

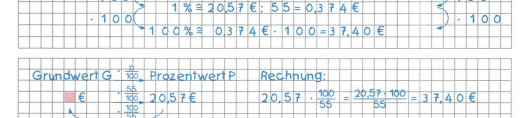

Rechnung: $20{,}57 \cdot \dfrac{100}{55} = \dfrac{20{,}57 \cdot 100}{55} = 37{,}40\ €$

Antwort: Der alte Preis für den Tachometer beträgt 37,40 Euro.

Tastenfolge: [C] 20,57 [÷] 55 [×] 100 [=]　*Anzeige:* 37.4

2 Um wie viel Euro wurden die Preise jeweils herabgesetzt? Berechne die alten Preise für alle Fahrräder und für das Fahrradzubehör.

3 Berechne den Grundwert.

a)
p %	9 %	15 %	22 %	30 %	40 %
P	27 €	60 €	88 €	90 €	120 €

b)
p %	45 %	55 %	60 %	70 %	80 %
P	135 kg	220 kg	363 kg	490 kg	560 kg

4 Berechne den Grundwert.

8 % ≙ 1864 €
35 % ≙ 82,25 €
15 % ≙ 5670 €
68 % ≙ 217,60 €

22,5 % ≙ 1473,75 $
35,4 % ≙ 224,79 $
25,6 % ≙ 655,36 $
78,9 % ≙ 986,25 $

5 Rechne vorteilhaft.

25 % ≙ 400 kg
5 % ≙ 1500 kg
75 % ≙ 1200 kg
2,5 % ≙ 80 kg

33,33 % ≙ 750 t
66,66 % ≙ 650 t
12,5 % ≙ 720 t
62,5 % ≙ 550 t

6 Runde sinnvoll.

13,2 % ≙ 652 km
86,6 % ≙ 875,5 km
27,5 % ≙ 345,5 km
18,6 % ≙ 54,8 km

12,9 % ≙ 265,3 m
87,2 % ≙ 56,75 m
43,8 % ≙ 725,5 m
63,7 % ≙ 398,7 m

Grundwert berechnen

1 Bestimme den Grundwert im Kopf.
  a) 10 % ≙ 1,5 kg (3,75 kg; 8,25 kg; 10 kg)
  b) 50 % ≙ 12,25 € (5,75 €; 8,20 €)
  c) 25 % ≙ 8,50 m (2,25 m; 6,75 m; 8,8 m)
  d) 20 % ≙ 7,5 km (8,2 km; 10,2 km)

Preisbewusst einkaufen!

2 Tina kauft ein Paar Ski. Als Auslaufmodell werden sie 20 % billiger verkauft. Dadurch spart sie 60 Euro. Wie viel Euro haben die Ski ursprünglich gekostet?

3 Marion spart beim Kauf eines Pullis 17 Euro, weil sie 25 % Nachlass bekommt. Wie viel Euro kostet der Pulli ohne Nachlass?

4
  a) Thomas macht von dem Angebot Gebrauch. Wie viel Euro kostete der Computer vor der Preissenkung?
  b) Beim Kauf eines Druckers bekommt er einen Nachlass von 20 %. Er bezahlt nur 144 Euro. Wie viel hat der Drucker vorher gekostet?
  c) Für ein Spiel bekommt er 15 % Nachlass. Er bezahlt 21,25 Euro. Berechne den ursprünglichen Preis.

5 Wegen eines Lackschadens wird ein Fahrrad 30 % billiger verkauft. Es kostet jetzt 161 Euro. Berechne den ursprünglichen Preis.

Auto

6 Herr Strupp zahlt beim Kauf eines Autos 6422 Euro an. Das sind 40 % des Kaufpreises.
  a) Wie viel Euro kostet das Auto?
  b) Wie viel Euro hat Herr Strupp noch zu zahlen?

7 Beim Verkauf seines 4 Jahre alten Autos erhält Herr Lauter noch 11 935 Euro. Das sind 62 % des Anschaffungspreises.
  a) Was bezahlte Herr Lauter vor 4 Jahren für das neue Auto?
  b) Wie viel Euro beträgt der Wertverlust?

Flächen

8 a) Landwirt Huber baut auf 15 ha Land Zuckerrüben an. Das sind 20 % seiner Anbaufläche. Wie groß ist die gesamte Anbaufläche?
  b) Auf einem 4,5 ha großen Feld baut er Weizen an. Im Vorjahr war die Anbaufläche für Weizen um 10 % größer. Welche Fläche hatte das Weizenfeld im Vorjahr?

9 Auf einem Campingplatz sind 7500 m² für Dauercamper reserviert. Das sind 30 % der Gesamtfläche. Wie groß ist der Campingplatz?

10 a) Familie Schley benötigt 16 % der Grundstücksfläche für das Haus. Wie groß ist die gesamte Fläche des Grundstückes?
  b) Das Nachbarhaus hat eine Grundfläche von 120 m². Das sind 20 % der Grundstücksfläche. Wie groß ist dieses Grundstück?

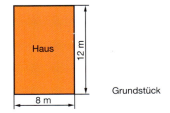
Grundstück

L zu Nr. 2 bis Nr. 10: 4,95; 25; 68; 75; 180; 230; 300; 600; 600; 930; 7315; 9633; 16 055; 19 250; 25 000;

Prozentsatz berechnen

1 Wie viel Prozent der Schüler kommen mit dem Bus?
Überlege: Was ist gegeben? Was ist gesucht?

Gegeben: Grundwert G = 600 Schüler
Prozentwert P = 450 Schüler
Gesucht: Prozentsatz p % = ■ %

Lösen mit dem Dreisatz

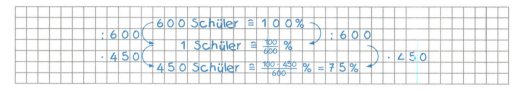

Lösen mit dem Operator

Antwort: 75 % der Schüler kommen mit dem Bus.

Tastenfolge: [c] 100 [÷] 600 [×] 450 [=]   *Anzeige:* 75

2 Wie viel Prozent der Schüler kommen mit dem Fahrrad oder zu Fuß zur Schule?

3 Berechne die Prozentsätze im Kopf.

	a)	b)	c)	d)	e)	f)	g)	h)	i)
G	40 €	120 €	720 €	560 €	450 €	90 €	1200 €	3600 €	44 €
P	20 €	30 €	360 €	280 €	150 €	45 €	400 €	1200 €	11 €

4 Wie viel Prozent sind:
a) 376 km von 400 km
490 km von 1400 km
345 km von 1500 km
279 km von 2325 km
980 km von 2800 km

b) 444 m^2 von 1200 m^2
528 m^2 von 1320 m^2
406 m^2 von 2900 m^2
812 m^2 von 5800 m^2
420 m^2 von 1400 m^2

c) Berechne den Prozentsatz. Runde sinnvoll.
809,1 kg von 908,9 kg
401,2 kg von 1601,9 kg
344,5 kg von 1014,2 kg
699,9 kg von 1523,1 kg

5 Der Polizeibericht meldet: Bei der letzten Radarkontrolle in unserer Stadt sind von 550 Fahrzeugen 165 zu schnell gefahren und von dem Radarwagen „geblitzt" worden. Wie viel Prozent der Fahrzeuge sind zu schnell gefahren?

Prozentrechnen

1 Übertrage die Tabelle in dein Heft und berechne die fehlenden Werte.

	a)	b)	c)	d)	e)	f)	g)	h)	i)
G	99,00 €	5000 €	148,4 km				84,50 €	148,50 €	14,40 €
p%	3%	7,5%	4,5%	8%	6,5%	7,8%			
p				28,8 kg	91 m²	10,14 m	18,59 €	5,94 €	2,16 €

Verkehr

2
a) Wie viele Fahrzeuge wurden 1996 in dem Automobilwerk hergestellt?
b) Wie viele Fahrzeuge wurden im Inland verkauft?
c) Von den exportierten Fahrzeugen entfielen auf Typ A 119700 Fahrzeuge, auf Typ B 166725 Fahrzeuge, der Rest auf Typ C. Berechne die Anteile in Prozent.

3 Bei einer Fahrzeugkontrolle in der Schule sind 150 Fahrräder und 55 Mofas überprüft worden. Dabei wurden an 42 Fahrrädern und an 22 Mofas erhebliche Mängel festgestellt. Gib jeweils die Prozentsätze an.

4 Ein Händler bietet Mofas verschiedener Hersteller an. Er notiert die Reparaturen der einzelnen Modelle während der Garantiezeit. Welches Modell war am wenigsten störanfällig (am störanfälligsten)?
Runde auf eine Stelle nach dem Komma.

Type	verkaufte Mofas	Reparaturen
Brummi	44	////
Adler	32	//// //
Bär	24	////
Tiger	44	//// ///
Geier	28	//// //

5

Fahrzeugart	Anteil in %
PKW	63
LKW	26
Busse	4
Motorräder	5
Sonstige	

Die Klasse 7a führte eine Verkehrszählung durch und berechnete die prozentualen Anteile der einzelnen Fahrzeugarten. Unter Sonstige wurden 4 Bagger, 2 Straßenreinigungsfahrzeuge, 1 Autokran und 1 Traktor eingeordnet.
a) Berechne für Sonstige den Anteil in Prozent.
b) Berechne die Anzahl der anderen Fahrzeugarten.

6 Aus rechteckigen Blechen werden Werkstücke gestanzt. Berechne den Verschnitt in Prozent.

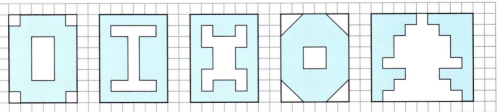

L zu Nr. 1 bis Nr. 6: 2; 2,97; 4; 6,678; 9,1; 15; 16; 18,2; 20; 21,9; 22; 25; 25; 25; 25; 28; 28; 33; 33,33; 39; 40; 50; 104; 130; 252; 360; 375; 1400; 522 500; 950 000

102 Prozentrechnen

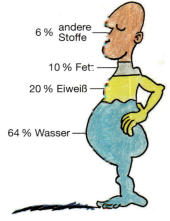

Mensch und Nahrung

1 Ein Biologiebuch gibt für den menschlichen Körper nebenstehende Bestandteile an.
a) Herr Hey wiegt 76,5 kg.
b) Seine Frau wiegt 62 kg.
c) Und Du?
Berechne.

2 Der Körper des Menschen besteht zu etwa 8 % seines Gewichtes aus Blut. (1 Liter Blut ≙ 1 Kilogramm Blut)
a) Frau Groß hat 4 l Blut. Wie schwer ist sie?
b) Ein Mensch ist in Lebensgefahr, wenn er 32 % seines Blutes verliert. Wie viel Blut kann ein 80 kg schwerer Mann verlieren, bis er einen lebensbedrohlichen Zustand erreicht?

3 Eine 150-g-Tafel Schokolade enthält 78 g Kohlenhydrate, 54 g Fett, 13,5 g Eiweiß und 4,5 g Wasser.
a) Berechne die einzelnen Inhaltsstoffe in Prozent.
b) Trage die Prozentsätze in ein Hunderterfeld ein.

4

Nährwert-Angaben (Durchschnittswerte)	pro Scheibe (ca. 5 g)
Brennwert (kJ)	78
(kcal)	18
Eiweiß (g)	0,6
Kohlenhydrate (g)	3,7
Fett (g)	0,1

Knäckebrot – das gesündere Pausenbrot
a) Berechne den prozentualen Anteil der verschiedenen Nährstoffe.
b) Wie viel g dieser Nährstoffe sind in einer Packung (250 g) enthalten?

Häuser und Grundstücke

5 In einem Forstrevier sind Bäume neu angepflanzt worden. Nach einem Jahr kontrolliert der Förster den Anwuchs. Von den 550 Fichten sind 22 nicht angewachsen. Von den 300 Buchen sind 24 ausgetrocknet. Von den 200 Eichen sind 6 abgefressen worden. Von den 150 Lärchen sind 18 erfroren. Bei welcher Baumart ist der Ausfall prozentual am größten?

6 Ein Erholungsgelände von 500 m Länge und 300 m Breite hat die Form eines Rechtecks.
a) Berechne den Flächeninhalt.
b) Das Gelände ist aufgeteilt in 30 % Grünfläche, 14 % Spielplätze, 17 % Gewässer und 25 % Wald. Der Rest entfällt auf Wege. Gib in m² an.

7 Bauherr Bach hat 60 % seiner Eigentumswohnungen bereits verkauft. 36 Wohnungen sind noch zu haben. Wie viele Wohnungen wurden insgesamt zum Verkauf angeboten?

8 Auf dem nebenstehenden Plan ist das Grundstück von Familie Zilk abgebildet.
a) Berechne die Flächen für Vorplatz, Haus, Schwimmbad, Beeten und Garten.
b) Wie viel Prozent des gesamten Grundstücks machen die einzelnen Bereiche jeweils aus?

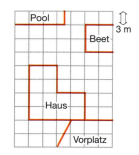

Prozentsätze darstellen: Rechteckdiagramm 103

Unsere Erde

1 Das Rechteck zeigt die Verteilung von Wasser und Land auf der Erde.
a) Wie viele Kästchen stehen für die gesamte Erdoberfläche, für den Anteil des Wassers, für den Anteil der Erde?
b) Drücke die Anteile in Prozent aus. Warum ist das so einfach?
c) Berechne die Land- und Wasserfläche in Millionen km².

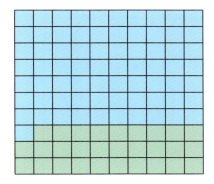

2 Von der gesamten Wasseroberfläche entfallen 29 % auf den Atlantischen Ozean, 21 % auf den Indischen Ozean, 45 % auf den Pazifischen Ozean und 5 % auf sonstige Meere. Zeichne dazu ein Quadrat mit 100 Kästchen und färbe die Anteile.

3 a) Das Rechteck zeigt, wie sich die Landfläche der Erde auf die einzelnen Kontinente verteilt. Wie viel Prozent entfallen auf Afrika, Europa, Amerika, Asien, Australien/Ozeanien und Antarktis?

b) Die Weltbevölkerung verteilt sich dabei wie folgt: 12 % Afrika, 14 % Amerika, 60 % Asien, 1 % Australien/Ozeanien und 13 % Europa. Zeichne ein Rechteck (20 Kästchen breit und 5 Kästchen hoch) und färbe entsprechend ein.
c) Welcher Kontinent ist am dichtesten bzw. dünnsten besiedelt? Finde eine Begründung.

4 Die Flächennutzung der Erdoberfläche ist auf drei Arten dargestellt.

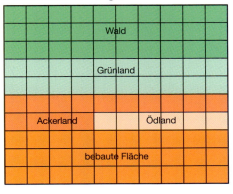
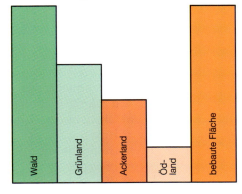
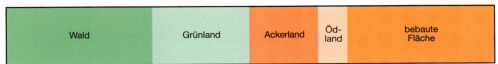

a) Berechne die prozentualen Anteile.
b) Gib für jede Art der Flächennutzung auch die Größe in Millionen km² an.
c) Welche Darstellung gefällt dir am besten? Begründe.

104   Prozentsätze darstellen: Kreisdiagramm

Verkehr

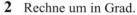

1 Bei einer Verkehrszählung wurden 400 Verkehrsteilnehmer gezählt. Das Kreisdiagramm gibt die Verteilung an.
a) Welche Verkehrsteilnehmer wurden am häufigsten, welche am wenigsten gezählt?
b) Wie viel Prozent sind im Kreis insgesamt dargestellt?
c) Wie groß sind die Winkel in den einzelnen Kreisausschnitten?
d) Wie viele Verkehrsteilnehmer entfallen auf die einzelnen Bereiche?

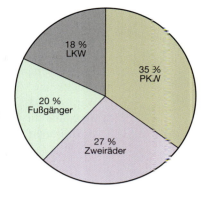

2 Rechne um in Grad.
a) 10% 15% 20% 25% 30% 45%
b) 50% 60% 70% 75% 80% 95%
c) 12% 23% 32% 39% 43% 48%
d) 54% 64% 72% 85% 88% 96%

3 Bei einer Überprüfung von 200 Lastkraftwagen wurde Folgendes beanstandet:

Beanstandungen	Prozent
überhöhte Geschwindigkeit	18%
Nichtbeachten der Ladevorschriften	13%
mangelnde Verkehrssicherheit	10%
zu wenig Pausen	20%
ohne Mängel	39%

a) Stelle die Angaben in einem Kreisdiagramm dar.
b) Wie viele Fahrzeuge hatten keine Mängel?
c) An 75 Lkws wurden 92 Mängel festgestellt. Kann das sein?

4 Bestimme die Winkel der Kreisausschnitte. Welcher Prozentsatz ist gefärbt?

a) 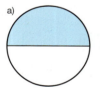   b)   c)   d)   e)

5 Der Fahrradhändler Stemmer verkaufte 420 Fahrräder in verschiedenen Farben.
a) Übertrage das Kreisdiagramm in dein Heft.
b) Bestimme die Anteile der Farben in Prozent.
c) Wie viele rote (grüne, gelbe, blaue) Fahrräder wurden verkauft?

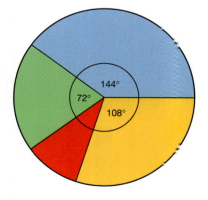

Rabatt und Skonto

Möbelkauf 1

a) Wie viel Euro spart Frau Schneider?
b) Für einen Kleiderschrank verlangt das Möbelgeschäft 445 Euro. Bei sofortiger Mitnahme zahlt man 10% weniger. Wie hoch ist der Mitnahmepreis?

Verkaufspreis ≙ 100%	
Ermäßigter Verkaufspreis	Nachlass

Rabatt ist ein Preisnachlass.
Wenn man fristgerecht bezahlt, heißt der Preisnachlass **Skonto.**

2 Ein Einrichtungshaus macht für eine Couchgarnitur folgendes Angebot: Preis 1400 Euro, bei Barzahlung 2,5% Skonto. Bei Teilzahlung sind 40% anzuzahlen; die restliche Kaufsumme soll in 14 gleichen Monatsraten zu 67,50 Euro abgezahlt werden. Vergleiche.

Schuleinkauf 3 Der Werklehrer erhält für das bestellte Arbeitsmaterial eine Rechnung über 875 Euro mit folgendem Vermerk: Bei Zahlung innerhalb 10 Tagen 5% Skonto, innerhalb 30 Tagen 2% Skonto. Die Rechnung wurde nach 7 Tagen beglichen.

4 Die Schulmannschaft wird mit einheitlicher Sportkleidung ausgestattet. Diese kostet 640 Euro. Das Sportgeschäft gewährt einen Mengenrabatt von 20%.
a) Wie viel Euro Ersparnis bringt der Rabatt?   b) Wie viel Euro müssen bezahlt werden?

5 Die Hollstein-Schule bezieht von einem Buchverlag 55 Lesebücher, 95 Sprachbücher und 125 Mathematikbücher. Sie erhält einen Rabatt von 25%.
Wie viel Euro hat die Schule noch zuzahlen?

6 Frau Baier kauft für 925 Euro Lehrmittel; die Firma gewährt einen Rabatt von 15%. Bei Zahlung innerhalb von 14 Tagen dürfen zusätzlich 2% Skonto abgezogen werden. Welcher Betrag müsste nach 10 Tagen, welcher nach 14 Tagen überwiesen werden?

7 Berechne den neuen Preis. Was fällt dir auf? Gib den Rabatt in Prozent an.
a) 45,83 Euro Rabatt bei 1545, 83 Euro
   26,78 Euro Rabatt bei 1826,78 Euro
   45,73 Euro Rabatt bei 3245,73 Euro
b) 786,35 Euro Rabatt bei 15786,35 Euro
   425,86 Euro Rabatt bei 9425,86 Euro
   317,48 Euro Rabatt bei 5317,48 Euro

Franz überlegt:
Wenn ich vom Warenpreis erst 12% abziehe, dann 16% Mehrwertsteuer dazuzähle und schließlich 3% Skonto wegnehme, dann hat sich am Preis der Ware doch nichts verändert!

106   Bist du fit?

Belastete Umwelt

Luft

1 An Abgasen, Rauch und Staub fallen in der Bundesrepublik jährlich 18 Millionen Tonnen an. Das Diagramm zeigt die Verursacher.

a) Bestimme die Anteile in Prozent.
b) Wie viel Millionen Tonnen stammen von den jeweiligen Verursachern?
c) Erkundige dich nach Maßnahmen der Bundesregierung zur Luftreinhaltung.

2 Müll – die Kehrseite des Wohlstands
a) Erkläre die verschiedenen Müllarten.
b) Berechne die gesamte Abfallmenge.
c) Berechne den Prozentanteil der verschiedenen Müllsorten an der gesamten Abfallmenge.
d) Wie viel Prozent des Mülls können wiederverwendet werden? Was geschieht mit dem „Rest"?
e) Welchen Beitrag kannst du zur Müllreduzierung leisten?

Der Müllberg in Deutschland 1995
Abfallmengen in Millionen Tonnen

Wie er zusammengesetzt ist:
- Bauschutt 143,1
- Schutt aus Bergbau 67,8
- Produktionsabfälle 77,5
- Hausmüll 43,5
- Klärschlamm u. a. 5,5

Was mit ihm geschieht:
- Beseitigung 251,6
- Verwertung 85,8

Lärm

Dezibel (dB) = Messeinheit für den Geräuschpegel

3 Menschen reagieren auf gleiche Geräusche je nach Einstellung zum Geräusch verschieden. Laut einer Befragung fühlen sich 33 % durch Flugzeuge, 12 % durch Lkw, 9 % durch Baustellen, 28 % durch Motorräder, 7 % durch Pkw, 5 % durch die Industrie und 6 % durch ihre Nachbarn am meisten belästigt.
a) Ab wann ist Lärm schädlich? Informiere dich.
b) Welche Lärmquellen lassen sich vermeiden?
c) Zeichne ein Kreisdiagramm.

Günstiger Einkauf – Vergleichen lohnt

4

a) Übertrage die Angaben aus dem Bild in die Tabelle und berechne die fehlenden Werte.
b) Beurteile den Werbespruch.

Artikel	Preisnachlass in Euro	in %	alter Preis	Neuer Preis
Kette	35,10	15%	234,00	198,90

5 Petra hat ihren Computer für 600 Euro verkauft. Ursprünglich hatte sie ihn für 1000 Euro gekauft. Gib den Verlust in Euro und in Prozent an.

L zu Nr. 1 bis 5: 1,08; 1,63; 2,34; 2,52; 3,78; 6; 8,28; 12,89; 13; 14; 18; 20,09; 21; 21,6; 22,5; 22,97; 25; 25,2; 25,43; 30; 30; 32,4; 35; 40; 40; 40; 41,3; 42,41; 43,2; 45; 46; 50; 54; 54; 65; 65; 66; 68,9; 73,8; 100,8; 117; 118,8; 136; 194,35; 337,4; 400

8 Ganze Zahlen

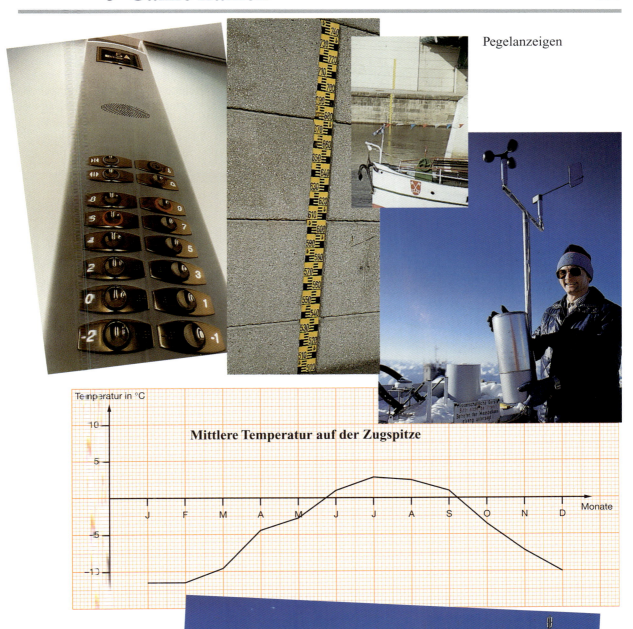

Pegelanzeigen

Mittlere Temperatur auf der Zugspitze

Wetterstation auf der Zugspitze

108 Positive und negative Zahlen

1 Temperaturen

a) Lies die Temperaturen an den Thermometern ab. Welche Temperaturen herrschen bei uns in den Sommer- und in den Wintermonaten? Vergleiche mit anderen Klimazonen.
b) Wann gibt es hitzefrei? Gibt es im Winter eine Mindesttemperatur für den Klassenraum?
c) Bei welcher Temperatur gefriert Wasser bzw. kocht Wasser?
d) Wie hoch sind die Temperaturen im Kühlschrank bzw. in der Tiefkühltruhe?

2 Wettervorhersage

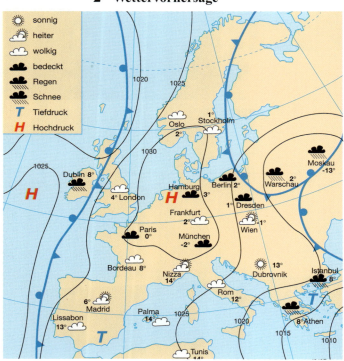

Deutschland

Berlin	bedeckt	2
Frankfurt	leicht bew.	2
Garmisch	wolkenlos	4
Hamburg	stark bew.	3
Köln/Bonn	stark bew.	2
Konstanz	bedeckt	−3
München	stark bew.	−2
Nürnberg	wolkig	1
Oberstdorf	leicht bew.	−6
Zugspitze	leicht bew.	−8

Europa

Athen	Regen	8
Brüssel	leicht bew	2
Wien	wolkenlos	−1
Istanbul	bedeckt	8
Lissabon	wolkig	13
London	stark bew.	4
Madrid	wolkenlos	6
Moskau	Schneefall	−13
Paris	bedeckt	0
Prag	stark bew.	1
Rom	wolkig	12

Wasserstände der Donau: Regensburg 279 cm (− 10), Deggendorf 238 cm (− 6), Passau 412 cm (+ 15), Straubing 264 cm (+ 6)

a) Wie könnte etwa die Wettervorhersage für Deutschland und Europa lauten?
b) Vergleiche die Temperaturen der europäischen Hauptstädte. Ordne sie Ländern zu. Gib Temperaturunterschiede an.
c) Was bedeutet die Meldung über den Wasserstand der Donau?

Positive und negative Zahlen

3 Bundesligatabelle
Tabelle **vor** dem 12. Spieltag

		Tore	Tordiff.	Punkte
1.	Hertha BSC Berlin	28 : 15	+ 13	24
2.	Bayern München	26 : 12	+ 14	22
3.	Kaiserslautern	16 : 11	+ 5	20
4.	Leverkusen	14 : 11	+ 3	19
5.	Schalke 04	22 : 11	+ 11	18
6.	Hamburger SV	27 : 19	+ 8	18
7.	VfL Wolfsburg	25 : 16	+ 9	16
8.	Bor. Dortmund	17 : 22	− 5	16
9.	Eintr. Frankfurt	14 : 15	− 1	14
10.	Hansa Rostock	7 : 15	− 8	14
11.	VfB Stuttgart	17 : 20	− 3	13
12.	1860 München	13 : 17	− 4	13
13.	SC Freiburg	13 : 16	− 3	12
14.	1. FC Köln	15 : 21	− 6	12
15.	Energie Cottbus	12 : 21	− 9	11
16.	VfB Bochum	9 : 20	− 11	11
17.	Werder Bremen	14 : 19	− 5	10
18.	Unterhaching	11 : 19	− 8	10

Erkläre die Tabelle.

4 Golfturnier in München Weißensee
Jeder Golfplatz hat einen „Platzstandard". Er gibt die Anzahl der Schläge für jedes Loch vor. Abweichungen vom Platzstandard werden mit positiven und negativen Zahlen angegeben. Negative Zahlen bedeuten, dass der Spieler weniger Schläge benötigt hat.
Erstelle eine Rangfolge für die Golfspieler.

Grönberg	+ 1	Farry	− 3
Westwood	+ 4	Green	− 5
Langer	− 7	Claydon	− 4
Baker	− 11	Higgins	− 9
Hall	− 1	Harrington	−12

5 Reise zum Toten Meer

Ergebnisse **vom** 12. Spieltag

Dortmund – Hertha . . . . 2 : 0
München 1860 – Wolfsburg . . . . 2 : 2
Rostock – Unterhaching . . . . 2 : 2
Köln – Hamburg . . . . 4 : 2
Schalke – Bayern München . . . . . 3 : 2
Freiburg – Leverkusen . . . . 0 : 1
Bremen – Bochum . . . . 2 : 0
Frankfurt – Kaiserslautern . . . . . . 3 : 1
Cottbus – Stuttgart . . . . 2 : 1

		Tore	Tordiff.	Punkte
1.	Hertha BSC	28 : 17	+ 11	24
2.	Bayern München	28 : 15	+ 13	22
3.	Leverkusen	15 : 11	+ 4	22
4.				
5.				

Welche Vereine haben sich um einen Tabellenplatz verbessert?
Welcher Verein hat den größten Sprung nach oben/unten gemacht?

a) In welchem Land liegt das Tote Meer? Suche es im Atlas.
b) Wie viel Meter liegt die tiefste Stelle des Toten Meeres unter dem Meeresspiegel?
c) Die Fahrt geht von Jerusalem nach Bethlehem, weiter nach Hebron und dann ans Tote Meer. Gib die Höhenunterschiede an.
d) Wie hoch liegt der See Genezareth? Vergleiche mit dem Toten Meer.

Temperaturänderungen

1 a) Ute liest morgens am Thermometer eine Temperatur von $-4\,°C$ ab. Bis zum Mittag ist die Temperatur um $6°$ gestiegen. Wie hoch ist die Mittagstemperatur?
b) Bis zum Abend fällt die Temperatur um $5°$. Wie hoch ist dann die Abendtemperatur?

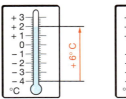

Rechnung:

$$-4\,°C \xrightarrow{+6°} \blacksquare\,°C \qquad +2°\,C \xrightarrow{-5°} \blacksquare\,°C$$

2 Ute hat die Temperatur am Morgen noch für andere Tage aufgeschrieben. Bestimme jeweils die neue Temperatur, wenn sie am Tage

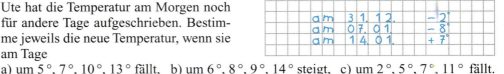

a) um $5°, 7°, 10°, 13°$ fällt, b) um $6°, 8°, 9°, 14°$ steigt, c) um $2°, 5°, 7°, 11°$ fällt.

Mir wird ganz heiß!

3   Am Minimum-Maximum-Thermometer kann man den höchsten und niedrigsten Temperaturstand für einen Zeitraum (z. B. Tag und Nacht) ablesen.
a) Für welche Jahreszeit oder Wetterlage können die Temperaturstände zutreffen?
b) Bestimme jeweils den Temperaturunterschied von Minimum und Maximum.

	a)	b)	c)	d)	e)	f)	g)
Minimum	$-6\,°C$	$-2\,°C$	$+4\,°C$	$-2\,°C$	$+3\,°C$	$+14\,°C$	$+21\,°C$
Maximum	$+2\,°C$	$0\,°C$	$+20\,°C$	$+15\,°C$	$+5\,°C$	$+21\,°C$	$+33\,°C$

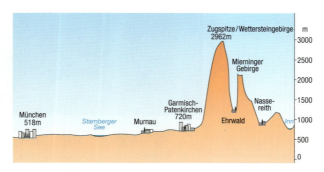

4 a) Vergleiche die Temperaturen der Orte auf den unterschiedlichen Höhen.
b) Wie groß ist jeweils der Temperaturunterschied?

Temperatur 2.1.		
München	Garmisch-P.	Zugspitze
$+16\,°C$	$+9\,°C$	$-3\,°C$

5 Im Cockpit eines Flugzeuges werden die Außentemperaturen in verschiedenen Flughöhen abgelesen.
a) Vergleiche die Temperaturen in den verschiedenen Höhen. Ist eine Regelmäßigkeit erkennbar?
b) Ermittle die Temperaturunterschiede

Flugtag	1.1.	1.6.	1.9.
Höhe 0 m	$-3°$	$+18°$	$+24°$
500 m	$-7°$	$+14°$	$+19°$
1000 m	$-10°$	$-9°$	$+12°$
3000 m	$-17°$	$-1°$	$+1°$
5000 m	$-32°$	$-14°$	$-10°$
10 000 m	$-60°$	$-57°$	$-55°$

Kontoänderungen 111

1 a) Iris hat 50 Euro Guthaben auf ihrem Konto. Sie zahlt noch 70 Euro ein.
Rechnung: + 50 € $\xrightarrow{+ 70 €}$ + 120 €
Iris hat jetzt 120 Euro Guthaben.

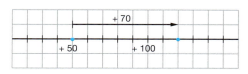

b) Bernd hat bei seinem Vater 50 Euro Schulden. Er borgt sich weitere 30 Euro.
Rechnung: − 50 € $\xrightarrow{- 30 €}$ − 80 €
Bernd hat jetzt 80 Euro Schulden.

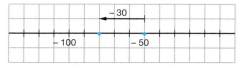

c) Helmut hat 35 Euro Guthaben auf seinem Konto. Er hebt 50 Euro ab.
Rechnung: + 35 € $\xrightarrow{- 50 €}$ − 15 €
Das Konto weist jetzt 15 Euro Schulden auf.

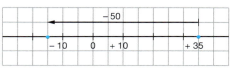

d) Claudia hat 40 Euro Schulden bei ihrer Schwester. Sie erhält 70 Euro zum Geburtstag und zahlt ihre Schulden zurück.
Rechnung: − 40 € $\xrightarrow{+ 70 €}$ + 30 €
Claudia hat jetzt noch 30 Euro.

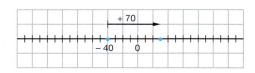

2 Berechne den neuen Kontostand. Schreibe die Rechnung auf.
a) Bernd hat 84 Euro Guthaben. Er hebt 34 Euro ab.
b) Iris hat 120 Euro Guthaben auf ihrem Konto. Sie hebt 160 Euro ab.
c) Claudia hat 30 Euro Schulden. Sie hebt noch weitere 50 Euro ab.
d) Helmut hat einem Freund 80 Euro geliehen. Er erhält 30 Euro zurück.
e) Herr Schnell hat 256,80 Euro Schulden auf seinem Konto. Für die Zeitung werden noch 47,70 Euro abgebucht.
f) Frau Neff hat 143,25 Euro Schulden auf ihrem Konto. Es wird ihr eine Lohnnachzahlung in Höhe von 530,60 Euro gutgeschrieben.

3 Erfinde eine Rechengeschichte am Bankschalter. Schreibe die Rechnung auf.

a)

b)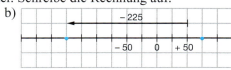

c)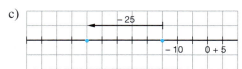

d)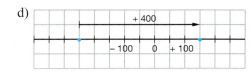

Kontoänderungen

1

Kontoauszug				
Kontonummer	letzter Auszug	Auszug-Nr.	BLZ	250 500 77
961 204	4. 8.	5	Kontostand alt	1264,75 EUR
Buchungserläuterung	Wert	Datum	Belastungen/Gutschriften	
P. Müller, Scheck 700402		12. 8.	480,32 EUR	
OBAG-Gas		16. 8.	92,70 EUR	
Erstattung		19. 8.	786,35 EUR	
Tanken EC 1000103786		20. 8. 12.06	36,38 EUR	
Gehalt		30. 8.	1728,60 EUR	
			Kontostand neu	

a) Verfolge die einzelnen Buchungen auf dem Kontoauszug.
b) Was bedeuten die folgenden Begriffe? Erläutere sie an Beispielen:
   Girokonto, Kontostand alt, Kontostand neu, Gutschrift, Lastschrift/Belastungen, Auszahlung, Einzahlung, Soll, Haben.

2 Berechne den neuen Kontostand.

	a)	b)	c)	d)	e)	f)	g)	h)	i)
Alter Kontostand EUR	+ 120	+ 210	+ 90	+ 110	− 35	− 125	− 350	+ 325	− 420
Gutschrift/Lastschrift EUR	+ 310	− 140	− 160	− 230	− 55	− 245	+ 875	− 180	− 285

3 Berechne die fehlenden Kontostände im Heft. Schreibe wie im Beispiel.

a)
Datum	Alter Kontostand	Einzahlung	Auszahlung	Neuer Kontostand
17. 9.	+ 10 EUR	50 EUR		+ 60 EUR
20. 9.	+ 60 EUR		80 EUR	− 20 EUR
22. 9.	− 20 EUR		70 EUR	
25. 9.		60 EUR		
27. 9.		100 EUR		
30. 9.			90 EUR	

b)
Datum	Alter Kontostand	Einzahlung	Auszahlung	Neuer Kontostand
1. 12.	+ 1200 EUR		800 EUR	
3. 12.		150 EUR		
7. 12.			700 EUR	
10. 12.			350 EUR	
15. 12.		1100 EUR		
18. 12.			550 EUR	

4 a) Erkläre, wie man den Bankautomaten bedient.
b) Frau Scholz hat ein Guthaben von 650,90 Euro. Sie hebt mit Scheckkarte am Bankautomat für einen Küchenherd und einen Kühlschrank 632,75 Euro ab. Am gleichen Tag werden ihr noch 523,46 Euro vom Finanzamt rückerstattet.

5 a) Herr Scholz benötigt dringend einen Mantel. Er soll 245 Euro kosten. Die Kinder Tanja und Dirk wünschen sich im gleichen Geschäft jeweils eine Jeans für 69,90 Euro und jeder ein Shirt für 19,45 Euro. Welchen Betrag muss Herr Scholz mit seiner ec-Karte bezahlen?
b) Am Monatsende wird das Gehalt in Höhe von 1689,45 Euro überwiesen. Stelle den neuen Kontostand fest (alter Kontostand: −20,65 Euro).

Die ganzen Zahlen 113

Wenn man den Zahlenstrahl nach links fortsetzt, erhält man die Zahlengerade mit positiven und negativen Zahlen der Größe nach geordnet.

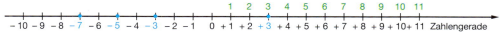

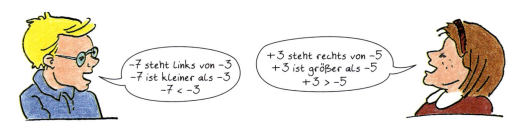

1 Vergleiche die Zahlen. Setze in deinem Heft die Zeichen < oder > ein.
a) + 12 > + 7 b) + 68 < + 86 c) − 8 < + 3 d) + 6 > − 5
e) − 2 > − 5 f) − 4 > − 9 g) − 7 < − 3 h) − 8 < − 1

2 Ordne der Größe nach. Schreibe mit < oder >.
a) − 35 + 17 + 56 − 12 − 56 − 5
  + 24 − 42 0 − 7 − 22 + 42
b) −1099 +1099 −1100 +1100 −1111
  + 999 − 1000 − 999 + 1000 − 1010

3 Zeichne den Ausschnitt der Zahlengeraden und trage die Zahlen ein.
a) Von − 50 bis + 50 (Länge 10 cm): + 30 − 40 + 15 − 15 + 45 − 5
b) Von − 400 bis + 200 (Länge 12 cm): − 250 +50 + 150 − 350 − 75 + 25

Gegenzahl

4 a) Vergleiche den Abstand von + 5 und von − 5 zum Nullpunkt.
b) Was haben Zahl und Gegenzahl gemeinsam, was ist verschieden?
c) Wie groß ist der Abstand von Zahl und Gegenzahl?

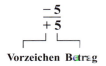

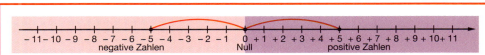

− 5 und + 5 sind **Gegenzahlen.** Sie haben den gleichen Betrag, aber verschiedene Vorzeichen.
− 5 ist eine **negative** Zahl, + 5 ist eine **positive** Zahl.

5 Zeichne eine Zahlengerade von − 6 bis + 6 (Einheit 1 cm). Trage die Zahlen − 2, + 6 und − 4 und ihre Gegenzahlen ein. Zeichne Bögen.

6 Übertrage ins Heft. Gib jeweils Betrag und die Gegenzahl an.

	a)	b)	c)	d)	e)	f)	g)	h)	i)	k)	l)	m)
Zahl	+ 13	+ 9	− 5	0	− 10	+ 12	+ 10	− 9	+ 25	− 100	+ 75	− 1
Betrag	13	9	5	0	10	12	10	9	25	100	75	1
Gegenzahl	− 13	− 9	+ 5	0	+ 10	− 12	− 10	+ 9	− 25	+ 100	− 75	+ 1

114 Bist du fit?

1 a) Zeichne eine Temperaturskala und trage die Namen der Städte ein.
b) Wo war es am wärmsten, wo am kühlsten?
c) Ordne die Städte nach der Temperatur.
d) Welcher Temperaturunterschied besteht zwischen Berlin und München (Köln und Hamburg)?

Lufttemperatur Uhrzeit: 12 Uhr	Datum: 3. März
Berlin	− 3 °C
Dortmund	− 1 °C
Essen	0 °C
Frankfurt	+ 4 °C
Hamburg	− 6 °C
Köln	− 2 °C
München	+ 8 °C
Stuttgart	+ 10 °C

2 Vergleiche die Zahlen. Setze < oder > ein.
a) +9 > +6 ; −5 > −7
b) +34 < +78 ; −8 > −10
c) −99 > −101 ; −1 < +1
d) −100 < +10 ; −3 > −3,5

3 Ordne der Größe nach.
a) +25 −15 +23 −18 −24 +9
b) −16 +32 −19 −21 +1 +8 −17
c) +0,8 −2,1 +1,7 −3,4 −0,8
d) −0,55 +$\frac{4}{5}$ −0,6 +0,9 −$\frac{3}{2}$ −1,4

4 a) Herr Zöllner hat ein Guthaben von 165 Euro. Er hebt 96 Euro ab.
b) Frau Bade hat einen Kontostand von −380 Euro. Sie erhält eine Gutschrift von 490 Euro.
c) Herr Burger hat einen Kontostand von −125 Euro. Er erhält eine Lastschrift von 273 Euro.
d) Frau Sorger hat ein Guthaben von 344 Euro. Für Miete werden 715 Euro abgebucht.

5 a) Das Konto von Herrn Berg weist 512,70 Euro Guthaben auf. Er stellt für Tischlerarbeiten einen Scheck über 800,96 Euro aus. Die Bank schreibt ihm am gleichen Tag 346,45 Euro gut.
b) Frau Beyers Konto weist 324,57 Euro Schulden auf. Sie erhält bei der Heizkostenabrechnung 198,20 Euro zurück. Für einen Sparvertrag werden 125 Euro abgebucht, für die Autoversicherung noch 238,90 Euro.

6 Frau Reuter hat 748,30 Euro Schulden auf dem Konto. An Arztkosten fallen 312,06 Euro an, für die Krankenversicherung muss sie 279 Euro bezahlen. Zum Monatsbeginn wird das Gehalt von 2412,80 Euro überwiesen. Kann Familie Reuter jetzt 1576,50 Euro für einen Wohnzimmerschrank ausgeben, ohne das Konto zu überziehen?

7 a) Im Tante-Emma-Laden kann man noch „anschreiben" lassen. Was bedeutet das?
b) Berechne jeweils den Schuldenstand.

Schulden von Herrn Pfeiffer: 165,15 EUR		
10. 9.	Wurst	12,54 €
12. 9.	Getränke	18,65 €
17. 9.	Käse	6,34 €
18. 9.	Butter u.a.	19,98 €
20. 9.	Kartoffeln	6,98 €
1. 10.	Ausgleich	50,00 €

Schulden von Frau Wurzer: 56,12 EUR		
12. 8.	Käse	5,79 €
	Brot	4,60 €
14. 8.	Kaffee	4,95 €
	Milch	5,16 €
15. 8.	Wurst	9,62 €
	Ausgleich	50,00 €
18. 8.	Fleisch	15,12 €

8 Ermittle jeweils den neuen Pegel. Der letzte Pegel hatte einen Stand von 412 cm.

gestiegen/	4			5			0	2
gefallen		7	3		8	6		
neuer Pegel								

9 Rauminhalt und Oberfläche

Übungszirkel: Raumanschauung

Station 1 Streichholzschachteln kippen.

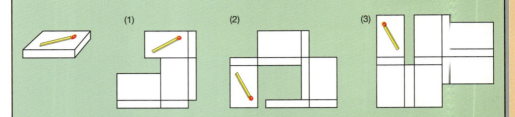

a) Auf einer Streichholzschachtel ist auf der Oberseite ein Streichholz abgebildet. Beschreibe, wie die Streichholzschachtel nacheinander gekippt wurde. Wie liegt das Streichholz am Ende?

b) Zeichne ein Bild für die Kippfolge: *nach vorn – nach rechts – nach vorn – nach vorn – nach links – nach hinten – nach links – nach vorn*.
Zeichne das Streichholz ein.

Station 2 Würfelzahlen.

    a) 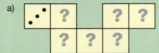   b)

a) Der abgebildete Würfel wird mehrfach gekippt. Skizziere die Kippfolgen und trage die Würfelaugen ein. Welche Augensumme ergibt sich?

b) Zeichne das Bild für die Kippfolge: *nach vorn – nach rechts – nach rechts – nach hinten – nach hinten – nach rechts – nach rechts – nach vorn – nach vorn – nach rechts – nach rechts – nach hinten*.
Zeichne die Augen ein und bilde die Augensumme.

c) Erfinde weitere Aufgaben.

Station 3 Würfeltürme.

In der Zeichnung geben die Zahlen an, wie viele kleine Würfel übereinander stehen. Welche Körper sind dargestellt? Baue die Körper.

a) 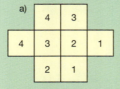   b) 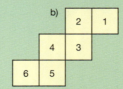   c) 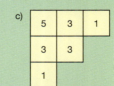   d)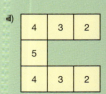

Übungszirkel: Soma-Würfel

Station 1

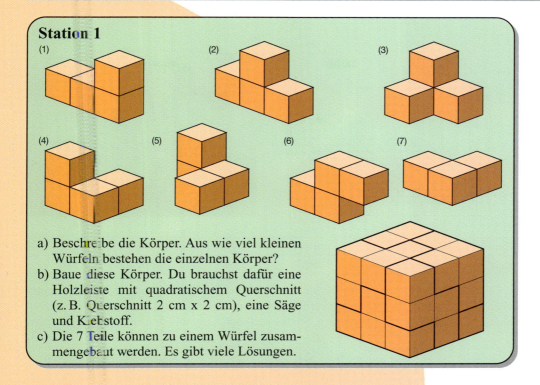

a) Beschreibe die Körper. Aus wie viel kleinen Würfeln bestehen die einzelnen Körper?
b) Baue diese Körper. Du brauchst dafür eine Holzleiste mit quadratischem Querschnitt (z. B. Querschnitt 2 cm x 2 cm), eine Säge und Klebstoff.
c) Die 7 Teile können zu einem Würfel zusammengebaut werden. Es gibt viele Lösungen.

Station 2   Die Körper sind aus Teilen des Somawürfels gebaut.

Gleiche Teilkörper, gleiches Volumen.

a) Bestimme die Anzahl der kleinen Würfel in jedem Körper.
b) Baue die Körper aus Teilen des Somawürfels. Welche Teile verwendest du?
c) Baue andere Körper mit den Teilen des Somawürfels. Verwende 4 Teile.
d) Kannst du mit 6 Teilen des Somawürfels einen Quader bauen, der aus 24 kleinen Würfeln besteht?

Station 3

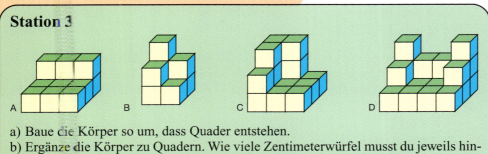

a) Baue die Körper so um, dass Quader entstehen.
b) Ergänze die Körper zu Quadern. Wie viele Zentimeterwürfel musst du jeweils hinzufügen?
c) Ergänze die Körper zu Würfeln. Wie viele Zentimeterwürfel fehlen jeweils?

Mit Raumeinheiten rechnen

Raumeinheiten
Umwandlungszahl: 1000

$1\text{ m}^3 = 1000\text{ dm}^3$
$1\text{ dm}^3 = 1000\text{ cm}^3$
$1\text{ cm}^3 = 1000\text{ mm}^3$

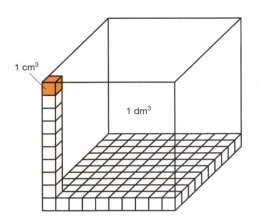

Kantenlänge eines Würfels	1 mm	1 cm	1 dm	1 m
Rauminhalt eines Würfels	1 mm^3	1 cm^3	1 dm^3	1 m^3

1 In welchen Maßeinheiten wird der Rauminhalt der folgenden Körper und Räume angegeben? Benzintank, Blumenkasten, umbauter Raum eines Hauses, Hubraum eines Autos, Paket, Reisekoffer, Schwimmbecken, Stecknadelkopf, Streichholzschachtel, Tiefkühlbox.

2
a) Verwandle in die angegebene Raumeinheit:

$8\text{ dm}^3 = \blacksquare\text{ cm}^3$
$40\text{ m}^3 = \blacksquare\text{ dm}^3$
$35\text{ cm}^3 = \blacksquare\text{ mm}^3$

$6000\text{ cm}^3 = \blacksquare\text{ dm}^3$
$13\,000\text{ mm}^3 = \blacksquare\text{ cm}^3$
$43\,000\text{ dm}^3 = \blacksquare\text{ m}^3$

b) Verwandle in die nächstkleinere Raumeinheit:

$4\text{ m}^3 \qquad 36\text{ m}^3$
$2\text{ dm}^3 \qquad 92\text{ dm}^3$
$3\text{ cm}^3 \qquad 41\text{ cm}^3$

$63\text{ cm}^3 \qquad 400\text{ cm}^3$
$18\text{ dm}^3 \qquad 510\text{ dm}^3$
$953\text{ dm}^3 \qquad 184\text{ m}^3$

c) Verwandle in die nächstgrößere Raumeinheit:

$8000\text{ dm}^3 \qquad 30\,000\text{ dm}^3$
$6000\text{ cm}^3 \qquad 44\,000\text{ cm}^3$
$2000\text{ mm}^3 \qquad 350\,000\text{ mm}^3$

$6000\text{ cm}^3 \qquad 85\,000\text{ dm}^3$
$13\,000\text{ mm}^3 \qquad 36\,000\text{ cm}^3$
$43\,000\text{ dm}^3 \qquad 65\,000\text{ mm}^3$

3 Verwandle wie im Beispiel in die angegebenen Einheiten.

$4560\text{ dm}^3 = 4{,}650\text{ m}^3$
$72\,456\text{ cm}^3 = 72{,}456\text{ dm}^3$
$6{,}458\text{ cm}^3 = 6458\text{ mm}^3$

a) $7200\text{ dm}^3 = \blacksquare\text{ m}^3$
$65\,841\text{ cm}^3 = \blacksquare\text{ dm}^3$
$450\,360\text{ mm}^3 = \blacksquare\text{ cm}^3$
$225\text{ dm}^3 = \blacksquare\text{ m}^3$

b) $245\text{ mm}^3 = \blacksquare\text{ cm}^3$
$8\text{ dm}^3 = \blacksquare\text{ m}^3$
$62\text{ cm}^3 = \blacksquare\text{ dm}^3$
$645\text{ cm}^3 = \blacksquare\text{ dm}^3$

4 Verwandle in die Raumeinheiten, die in Klammern angegeben sind.
a) 6000 dm^3 (m^3, cm^3)
  $70\,000\text{ dm}^3$ (m^3, cm^3)
  $44\,000\text{ dm}^3$ (m^3, cm^3)

b) 3500 cm^3 (dm^3, mm^3)
  8750 cm^3 (dm^3, mm^3)
  4521 cm^3 (dm^3, mm^3)

c) 800 cm^3 (m^3, cm^3)
  580 cm^3 (m^3, cm^3)
  225 dm^3 (m^3, cm^3)

5 Bei einer Baugrube für ein Haus müssen 840 m^3 Erde ausgehoben werden. Ein Bagger schafft in einer Stunde 35 m^3 Aushub. Für den Einsatz des Baggers werden pro Stunde 75 Euro berechnet und für den Baggerführer 37,50 Euro. Wie viel Euro kostet es, die Baugrube auszuheben?

Mit Raumeinheiten rechnen 119

Hohlmaße

1 l = 1 dm³
1 ml = 1 cm³
1 l = 1000 ml
1 hl = 100 l

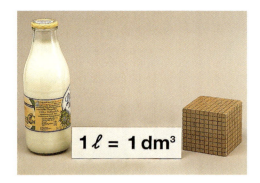

1 l = 1 dm³

1 Mit der Tankuhr am Tankwagen „stempelt" der Fahrer die abgegebenen Milchmengen: 2,50 hl; 1,87 hl; 1,75 hl; 3,64 hl; 85 *l*; 3,36 hl. Wie viel *l* (hl) hat er insgesamt aufgenommen?

2 Berechne und gib das Ergebnis in *l* und hl an.
a) 8 dm³ + 1200 cm³
   38 dm³ + 2460 cm³
   1 dm³ − 65 cm³
b) 25 m³ + 400 dm³
   19 m³ − 865 dm³
   3 cm³ − 145 mm³
c) 130 dm³ + 50 cm³ − 860 mm³
   2 m³ − 100 000 cm³ + 184 dm³
   15 m³ + 1456 dm³ − 2436 cm³

3 In einem 5-Familien-Wohnhaus liest Herr Bärmann die Wasseruhren ab und notiert die neuen Verbrauchsstände.

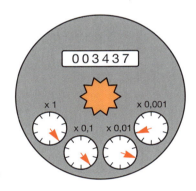

	Alt (m³)	Neu (m³)
Grauert	3429	3437
Bachmann	2078	2096
Ziegler	5749	5750
Wellner	968	985
Obermoser	3986	4010

a) Was kannst du an der Wasseruhr ablesen?
b) Wie viel m³ Wasser wurden in dem Wohnhaus während eines Monats verbraucht? Gib das Ergebnis auch in *l* und hl an.
c) Für einen m³ Wasserverbrauch berechnen die Stadtwerke 2,15 Euro; hinzu kommen noch die Kosten für das Abwasser mit 2,35 Euro pro m³. Berechne die monatlichen Ausgaben für jede Familie.

4 Vor einigen Jahren hatte der Supertanker Exxon Valdez vor der Küste von Alaska eine Havarie. Dabei verlor er rund 40 Millionen Liter Öl. Der Schaden für die Umwelt und die 24000 Bewohner war riesengroß, so dass der Ölkonzern zu einem Schadensersatz in Höhe von rund 3,8 Mrd. Euro verurteilt wurde.
a) Wie viel Liter Öl sind ausgeflossen, wenn ein m² (km²) mit einer Ölschicht von 1 mm Dicke bedeckt ist?
b) Vergleiche die Größe des entstandenen „Ölteppichs" mit der Größe des Chiemsees (82 km²)

L zu Nr. 3 und Nr. 4: 1; 4,50; 36; 40; 68; 76,50; 81,00; 108; 680; 68 000; 1 000 000; ca. halbe Fläche

Rauminhalt von Quader und Würfel

1 Den Rauminhalt (das Volumen) eines Quaders mit den Kantenlängen a = 4 cm, b = 3 cm und c = 2 cm kannst du folgendermaßen bestimmen:
1. Teile den Quader in Zentimeterwürfel ein.
2. Berechne die Anzahl der Zentimeterwürfel in einer Schicht.
3. Multipliziere sie mit der Anzahl der Schichten.

Du erhältst das Volumen des Quaders.

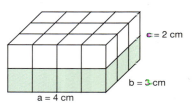

a) Berechne den Rauminhalt V des Quaders $V = a \cdot b \cdot c$

2 Berechne den Rauminhalt der Quader.

a)   b) 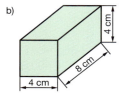   c) 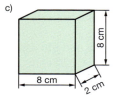   d)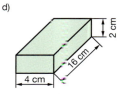

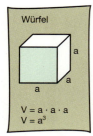

Würfel

$V = a \cdot a \cdot a$
$V = a^3$

Kantenlänge berechnen

Gegeben:	a = 12 cm	Formel:	$V = a \cdot b \cdot c$
	b = 3 cm	Einsetzen:	$180 = 12 \cdot 3 \cdot c$
	V = 180 cm³		$180 = 36 \cdot c$
Gesucht:	c	Umkehrung:	c = 180 : 36
			c = 5

Die Kantenlänge c beträgt 5 cm.

3 Berechne die fehlenden Größen der folgenden Quader. Beachte die Einheiten.

	a)	b)	c)	d)	e)	f)	g)
a			16 cm	1,2 cm	2,5 cm	15 mm	40 dm
b	8 cm	38 dm			28 dm	15 mm	8 cm
c	20 cm	240 cm	19 cm	7,5 mm			
V	2400 cm³	50 160 dm³	2880 cm³	315 cm³	1750 cm³	3,375 cm³	25,6 dm³

4 a) Ein Lastwagen hat eine Ladefläche von 1,6 m × 4 m. Er kann 9,6 m³ laden. Wie hoch ist die Ladefläche?
b) Der Lastwagen transportiert Sand zu einer Baustelle. Wie viel m³ Sand dürfen geladen werden, wenn das Ladegewicht von 15 t eingehalten werden soll? (1 cm³ wiegt 1,8 g.)
c) Wie dick ist die Sandschicht?

5 Ein Aquarium ist 68 cm lang, 34 cm breit und 42 cm hoch.
a) Wie viel Liter Wasser müssen eingefüllt werden, wenn der Wasserspiegel 4 cm unter dem Rand liegen soll?
b) Es sind fünf Eimer mit je 15 Liter eingefüllt. Wie viel Liter fehlen noch bis 4 cm unter dem Rand?

Rauminhalt von Quader und Würfel

1 Im Kaufhaus werden Vielzweckboxen angeboten:
Baby-Box
Innenmaße: 18,5 x 14,5 x 11,2 cm
Desk-Box
Innenmaße: 32,4 x 18 x 15,5 cm
Spiel-Box
Innenmaße: 40,4 x 32,4 x 22,2 cm
Gib den Inhalt jeweils in Litern an.

2 Die Baugrube für ein Hochhaus ist 23,50 m lang, 14,70 m breit und 3,50 m tief.
a) Wie viel Erde muss weggefahren werden?
b) Ein Lastwagen fasst 4,5 m³ Erde. Wie viele Fahrten sind erforderlich?

3 Als Unterbau seiner Terrasse (3,5 m x 5 m) verwendet Herr Gross eine Kiesschicht und eine Sandschicht. Er benötigt 5,250 m³ Kies und 1,750 m³ Sand. Wie dick wird die Kiesschicht? Wie dick wird die Sandschicht?

4 Im Kindergarten wird ein neuer Sandkasten angelegt. Die rechteckige Grube ist 5,80 m lang und 4,50 m breit. Sie wird 70 cm tief ausgegraben.
a) Wie viel m³ Sand bestellt die Leiterin etwa? (Runde auf halbe m³.)
b) Für 1 m³ Sand wird 31,25 Euro berechnet, für die Arbeitszeit 162,50 Euro. Wie hoch sind die Kosten für den neuen Sandkasten?

5 In diesem Behälter transportiert Metzger Küster jeden Morgen seine Wurstwaren in das nahe Hauptgeschäft. Gib den Rauminhalt in Liter an.

6 Ein Quader hat die Kantenlänge a = 4 cm, b = 5 cm und c = 3 cm. Vergleiche den Rauminhalt, wenn man
a) die Grundfläche verdoppelt (verdreifacht),
b) die Kantenlängen a und b verdoppelt (verdreifacht),
c) die Höhe c verdoppelt (verdreifacht),
d) die Kantenlänge a verdoppelt und die Höhe c halbiert.

7 Schiffsfracht wird häufig in Containern befördert. Die Container haben zwei Größen:
kleiner Container: 610 cm lang, 240 cm breit, 240 cm hoch;
großer Container: 1220 cm lang, 240 cm breit, 240 cm hoch.
a) Berechne ihren Rauminhalt.
b) Der Großfrachter „Bremen" kann 565 große Container laden.

L zu Nr. 1 bis Nr. 7: 0,1; 0,3; 3,0044; 9,0396; 18,5; 29,058912; 35,136; 60; 60; 70,272; 120; 120; 140; 180; 180; 240; 269; 540; 740,63; 1209,075; 39703,68

Rauminhalt von Quader und Würfel

1 Herr Meister möchte seine Gartenabfälle kompostieren. Zwei verschiedene Kompostsilos stehen zur Auswahl. Hat Herr Meister recht?

Silo spezial:
Länge: 93 cm
Breite: 93 cm
Höhe: 80 cm

Modell super:
Länge: 120 cm
Breite: 100 cm
Höhe: 80 cm

Da passt ja fast das Doppelte rein.

In Teilkörper zerlegen!

2 Berechne das Volumen der Körper.

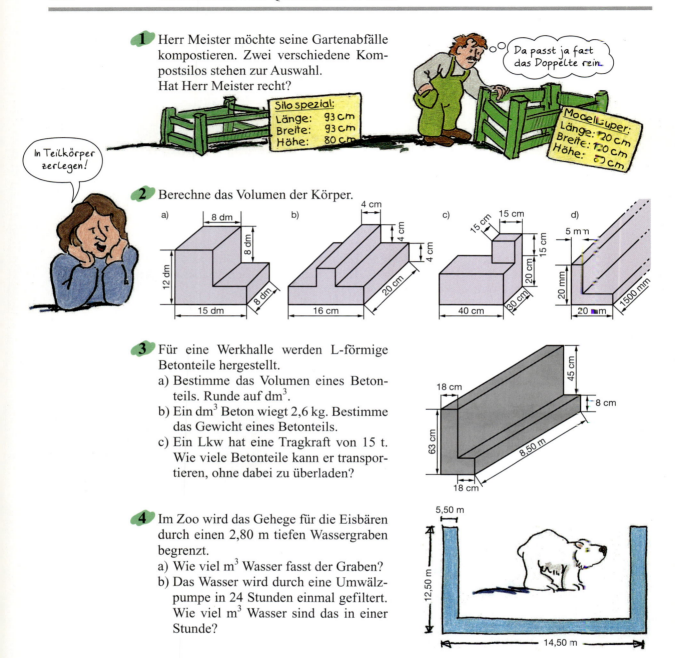

3 Für eine Werkhalle werden L-förmige Betonteile hergestellt.
a) Bestimme das Volumen eines Betonteils. Runde auf dm³.
b) Ein dm³ Beton wiegt 2,6 kg. Bestimme das Gewicht eines Betonteils.
c) Ein Lkw hat eine Tragkraft von 15 t. Wie viele Betonteile kann er transportieren, ohne dabei zu überladen?

4 Im Zoo wird das Gehege für die Eisbären durch einen 2,80 m tiefen Wassergraben begrenzt.
a) Wie viel m³ Wasser fasst der Graben?
b) Das Wasser wird durch eine Umwälzpumpe in 24 Stunden einmal gefiltert. Wie viel m³ Wasser sind das in einer Stunde?

5 Der Sockel wurde aus quadratischen Granitplatten gebaut.
a) Ein dm³ Granit wiegt 2,5 kg. Berechne das Volumen des Körpers
b) Berechne das Gewicht jeder Platte und das Gesamtgewicht.

Maße in cm

L zu Nr. 1 bis Nr. 5: 4; 18; 18,2875; 438,90; 992; 1239,3; 1600; 3222,18; 27 375; 219 375; 262 500; 691 920; 877 500; 1 152 000; 1 974 375; 1 181 250; 3 071 250

Oberfläche von Quader und Würfel

Die Oberfläche eines Quaders mit den Kantenlängen a = 4 cm; b = 3 cm und c = 2 cm kannst du folgendermaßen bestimmen:

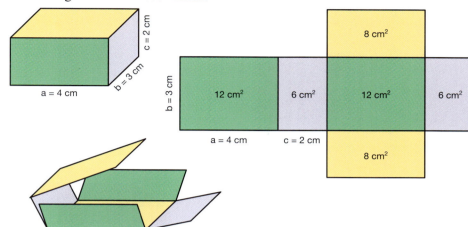

1 Ein Quader ist 6 cm lang, 3 cm breit und 12 cm hoch. Ein anderer Quader ist 6 cm lang, 6 cm breit und 6 cm hoch. Vergleiche die Oberflächen der beiden Quader.

2 Berechne die Oberflächen der Quader.

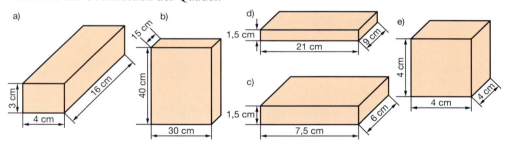

3 Berechne die Oberflächen der Quader.

	a)	b)	c)	d)	e)	f)	g)	h)	i)
a	5 cm	7 dm	12 m	50 mm	3,5 cm	37 cm	0,55 dm	3 dm	6 dm
b	10 cm	7 dm	18 m	25,5 mm	1 dm	9,6 dm	5,5 cm	8 mm	1,4 m
c	20 cm	7 dm	30 m	29 mm	2,5 dm	20 cm	55 mm	90 mm	360 cm

4 Berechne die Oberfläche eines Würfels mit der Kantenlänge 4 cm (2 cm, 10 cm, 25 dm).

5 Stefan möchte seine beiden Musikboxen (35 cm breit, 25 cm hoch und 17,5 cm tief) mit Furnierfolie bekleben. Die Vorderseite bleibt für eine Stoffbespannung frei. Wie viel Folie benötigt er?

L zu Nr. 1 bis Nr. 5: 24; 96; 96; 130,5; 216; 248; 252; 294; 468; 600; 700; 745; 2232; 3750; 4500; 5950; 6929; 12 424; 18 150; 60 240; 160 800

Durch einen Würfel mit der Kantenlänge 20 cm wird von der Mitte der oberen Deckfläche zur Mitte der unteren Deckfläche eine quadratische Öffnung mit 4 cm Kantenlänge gefräst. Wie groß ist die Oberfläche des entstandenen Körpers?

Bist du fit?

1 Berechne für die Quader die fehlenden Größen. Gib die Ergebnisse in der größten genannten Maßeinheit an

	a)	b)	c)	d)	e)	f)
Seitenlänge a	16 cm	48 cm	3,8 m		67 cm	630 mm
Seitenlänge b	12 cm	3,5 dm		35 mm	8,4 dm	45 cm
Seitenlänge c	2,5 dm		265 cm	5,7 dm	0,75 m	
Volumen V		201,6 dm^3	42,294 m^3	8,379 dm^3		135,08 dm^3
Oberfläche O						

2 Die Körper sind aus drei Streichholzschachteln zusammengesetzt. Untersuche, ob sie gleich große Oberflächen haben.

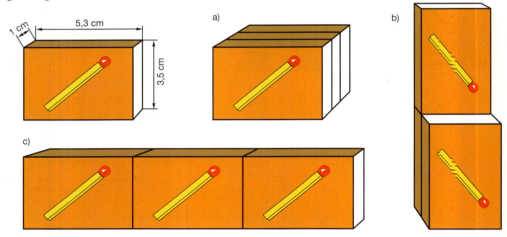

3 Berechne das Volumen und die Oberfläche der Würfeltürme.

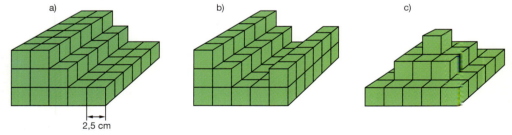

4 Die Schreinerei Holzmann stellt 150 Spielkisten her.
a) Berechne den Holzbedarf in m^2.
b) Für 1 Quadratmeter Kiefernholz wird 6,85 Euro berechnet, für einen m^2 Anstrich 3,95 Euro. Die Arbeitskosten werden mit 7,35 Euro pro Spielkiste angesetzt. Berechne die Herstellungskosten.
c) Die Kisten werden mit 35 % Gewinn verkauft. Anschließend werden 16 % Mehrwertsteuer aufgeschlagen. Wie hoch ist der Rechnungsbetrag?

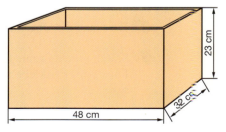

10. Terme und Gleichungen

Telefoneinheit 0,10 Euro

Regensburg liegt an der ■. Die Wüste x liegt in Afrika. ■ ist Fußballnationaltrainer. Der Monat y folgt auf den Mai.

Von den Kugeln ist nur eine schwerer als die anderen. Kannst du sie finden, wenn du nur zweimal wiegst?

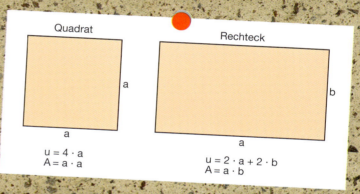

Quadrat
a
a
$u = 4 \cdot a$
$A = a \cdot a$

Rechteck
b
a
$u = 2 \cdot a + 2 \cdot b$
$A = a \cdot b$

126　Terme mit Platzhaltern aufstellen und berechnen

0,80 € · ■ + 0,45 € · ■　　　　　0,90 · ■ + 1,25 · ■ + 0,30 · ■

1 Setze im Heft in den Platzhalter ein wie oft das Angebot bestellt wird und bestimme jeweils den Preis.
a) Franz kauft kalte Getränke ein: 2 Cola, 1 Mineralwasser und ein Glas Orangensaft.
b) Uli und Maria entscheiden sich für ein Glas Apfelsaft, ein Mineralwasser und drei Cola.
c) Familie Drechsler wählt 3mal Kaffee, 3mal Kuchen und 3mal Sahne.
d) Familie Wunderlich ist mit Freunden gekommen. Sie bestellen 6mal Kaffee mit Kuchen, 4mal Sahne, drei Cola und zwei Gläser Mineralwasser.
e) Was würdest du auswählen?

2 Beim Stickerverkauf hat Ina eine Tabelle angelegt. Sie kann dann den Preis gleich ablesen. Für die Anzahl wählt sie einen Platzhalter x. Der Preis ist dann 0,80 Euro · x. Übertrage die Tabelle ins Heft. Setze sie bis zu einer Anzahl von 10 Stickern fort und berechne die Preise.

 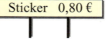

Anzahl x	0,80 · x	Preis
2	0,80 · 2	1,60 €
3	0,80 · 3	■
4	0,80 · 4	■

3 Karin hat von ihren Eltern für das Schulfest 2 Euro Taschengeld mehr als ihr kleiner Bruder Tim bekommen. Karins Freundin Anne erhält von ihren Eltern doppelt so viel wie Tim. Zusammen können sie 14 Euro ausgeben.
a) Erläutere die Terme am Text.
b) Wie viel Taschengeld bekommt jeder? Setze die Tabelle im Heft fort.

Tim x	Karin x + 2	Anne 2 · x	Zusammen 12 €
1	1 + 2	2 · 1	5 €
2	2 + 2	2 · 2	10 €
3	■	■	■
■	■	■	■

4 An der Imbissbude gibt es Würstchen und Fleisch. Eine Bratwurst mit Ketchup kostet 25 Cent mehr als die normale Bratwurst. Ein Lammkotelett ist doppelt so teuer wie die Bratwurst. Das Schweinekotelett kostet 0,50 Euro weniger als das Lammkotelett. Familie Wiemer kauft jeweils eine Portion und bezahlt zusammen 8,25 Euro. Wie teuer sind die einzelnen Angebote an der Imbissbude?

Bratwurst x	Bratwurst mit Ketchup ■	Lammkotelett ■	Schweinekotelett ■	Gesamtbetrag
0,5 €	■	■	■	■
1 €	■	■	■	■
1,5 €	■	■	■	■

Terme vereinfachen

Terme berechnen

Autorennen (Spiel für 4 Spieler)

1 Jeder Spieler darf sich ein Auto auswählen. Es wird rundum mit einem Würfel gewürfelt und die Augenzahl für den Platzhalter am Auto eingesetzt. Der Wert des Terms gibt an, wie weit das Auto fahren darf. Jeder führt selbst „Buch". Gewonnen hat, wer als erster 200 Punkte erreicht.

Beispiel für das Auto $6 \cdot x$

	x	$6 \cdot x$	gesamt
1. Wurf	3	$6 \cdot 3 = 18$	18
2. Wurf	2	$6 \cdot 2 = 12$	30

2 Welches Auto würdest du wählen? Teste anhand der Tabelle im Heft.

x	$6 \cdot x$	$x + 15$	$4 \cdot x - 3$	$50 - 4 \cdot x$
1	6	16	1	46
2	12	17	5	32

3 Setze für den Platzhalter die Zahlen 2 (4, 6, 8, 10, 15, 20) ein und berechne.

a) $5 \cdot x$
$\,8 \cdot x$

b) $x + 15$
$\,24 + x$

c) $100 - y$
$\,150 - y$

d) $240 : y$
$\,360 : y$

e) $10 \cdot a + 10$
$\,15 + 7 \cdot a$

f) $12 \cdot b - 20$
$\,15 \cdot b - 60$

Umstellen und Zusammenfassen

4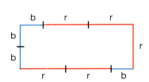

$r + r + b + r + r + r + b + b + b$
$r + r + r + r + r + b + b + b + b$
$5 \cdot r + 4 \cdot b$

Stelle ebenso Terme für den Umfang der anderen Rechtecke mit den Platzhaltern r und b auf.

Du kannst gleiche Platzhalter (Variable) zusammenfassen. Beachte: $x = 1 \cdot x$

5

$5 \cdot x + 3 \cdot x$
$= 8 \cdot x$

$x + 5 \cdot x + 2$
$= 1 \cdot x + 5 \cdot x + 2$
$= 6 \cdot x + 2$

$12 \cdot y - 3 \cdot y + y - 5$
$= 12 \cdot y - 3 \cdot y + 1 \cdot y - 5$
$= 10 \cdot y - 5$

a) $x + x + x$
$\,x + y + x + y$
$\,x + 8 \cdot x$

b) $y + 7 \cdot y$
$\,a + a + 5 \cdot a$
$\,8 \cdot y - y$

c) $r + 3 \cdot r - r$
$\,a + 8 \cdot a - a$
$\,y + 3 \cdot y - y$

d) $8 \cdot x + 9 \cdot x$
$\,10 \cdot y - 5 \cdot y$
$\,5 \cdot z - 2 \cdot z$

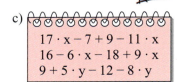
Beachte: Punkt vor Strich!

6 Vereinfache. Beachte Platzhalter und Zahlen.

a)
$8 \cdot x - 5 + 6 \cdot x$
$7 \cdot y - 3 - 3 \cdot y$
$9 + 4y + 6 \cdot y$

b)
$5 \cdot y - 4 + 3 \cdot y$
$4 + 4 \cdot y + 5 \cdot y$
$7 \cdot x - 2 - 2 \cdot x$

c)
$17 \cdot x - 7 + 9 - 11 \cdot x$
$16 - 6 \cdot x - 18 + 9 \cdot x$
$9 + 5 \cdot y - 12 - 8 \cdot y$

Klammern auflösen

Addieren und Subtrahieren

$5+(3+10) = 5+3+10 = 18$	$5-(3+10) = 5-3-10 = -8$
$a+(b+c) = a+b+c$	$a-(b+c) = a-b-c$
$5+(3-10) = 5+3-10 = -2$	$5-(3-10) = 5-3+10 = 12$
$a+(b-c) = a+b-c$	$a-(b-c) = a-b+c$

1 Vereinfache die Rechenausdrücke wie im Beispiel:

$36 - (12 - a)$
$= 36 - 12 + a$
$= 24 + a$

a) $48 - (25 + a)$
$35 - (b - 17)$
$40 + (x - 25)$

b) $72 + (25 - b)$
$69 - (a - 31)$
$-30 - (a - 50)$

c) $16a - (40 - 15 \cdot a) - 19$
$25 \cdot b + (60 - 15 \cdot b) + 32$
$40 - 9 \cdot a + (36 - 12 \cdot a)$

2 Schreibe ohne Klammern und vereinfache soweit wie möglich.

a) $45 \cdot x + (20 - 4 \cdot x) - (8 \cdot x - 12)$
$35 \cdot y - (41 \cdot y \cdot 4) - (8 + 7 \cdot y)$
$68 - (49 - 35 \cdot x) + (-40 \cdot x - x)$
$(3 \cdot y - 4 \cdot x) - (8 \cdot x + 7 \cdot y) - 4 \cdot x$

b) $30 - (30 \cdot x - 12) + (24 + 15 \cdot x)$
$x - (13 \cdot x + 18) - (14 - 25 \cdot x)$
$(15 \cdot x - 18 \cdot y) \cdot (60 \cdot y - 40 \cdot x)$
$(9 \cdot y - 30) + (40 - 16 \cdot y) - 10$

Multiplizieren **3** Berechne den Flächeninhalt des Rechtecks auf zwei Arten. Begründe.

1. Möglichkeit: $a \cdot b + a \cdot c$
2. Möglichkeit: $a \cdot (b + c)$
$a \cdot (b + c) = a \cdot b + a \cdot c$

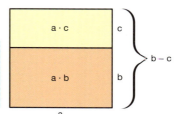

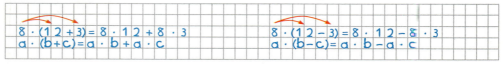

Mit jedem Ausdruck in der Klammer multiplizieren.

4 Schreibe ohne Klammern.

a) $6 \cdot (8 + x)$
$9 \cdot (5 + x)$
$7 \cdot (x + 9)$

b) $12 \cdot (9 - y)$
$14 \cdot (7 - y)$
$15 \cdot (y - 8)$

c) $5 \cdot (13 + x)$
$8 \cdot (15 - x)$
$9 \cdot (x + 16)$

d) $(8 + x) \cdot 7$
$(4 - y) \cdot 5$
$(z + 5) \cdot 8$

e) $(5 - y) \cdot 19$
$(8 + z) \cdot 20$
$(y - 8) \cdot 25$

f) $(30 + z) \cdot 4$
$(24 - x) \cdot 8$
$(y + 27) \cdot 5$

5 Multipliziere zuerst die Klammer aus und vereinfache den Term.

a) $7 \cdot (15 - x) - 48$
$(16 + y) \cdot 9 - 144$
$80 + (z + 35) \cdot 7$

b) $20 + (z - 13) \cdot 9$
$12 \cdot (y + 8) - 34$
$8 \cdot (25 + y) - 100$

c) $3 \cdot (15 - x) - 38 - x$
$(16 + y) \cdot 6 + 53 \cdot y$
$8 \cdot (18 + z) - 63 \cdot z$

Gleichungen mit der Umkehraufgabe lösen

Sarah schreibt das Zahlenrätsel als Gleichung:
Gedachte Zahl: x
multipliziere mit 7: 7 · x
addiere 16: 7 · x + 16
Ergebnis als Gleichung: 7 · x + 16 = 100
Sarah löst die Gleichung mit der Umkehraufgabe.

$$x \xrightarrow{\cdot 7} x \cdot 7 \xrightarrow{+16} 100$$
$$12 \xleftarrow{:7} 84 \xleftarrow{-16}$$

Lösung: Die gedachte Zahl heißt 12.
Probe: 12 · 7 + 16 = 100

1 Stefan hat weitere Zahlenrätsel:
  a) Multipliziere eine Zahl mit 3. Addiere 5. Du erhältst 50.
  b) Multipliziere eine Zahl mit 8. Subtrahiere 16. Du erhältst 40.
  c) Bilde das Sechsfache einer Zahl. Addiere 26. Du erhältst 80.
  d) Bilde das Neunfache einer Zahl. Subtrahiere 30. Du erhältst 60.

2 Löse die Gleichungen mündlich.

a)	b)	c)	d)	e)
x + 4 = 9	y − 9 = 7	10 − z = 8	5 · a = 30	b : 4 = 10
x + 10 = 20	y − 8 = 5	12 − z = 5	7 · a = 56	b : 8 = 5
15 + x = 40	y − 22 = 8	35 − z = 16	14 · a = 70	b : 15 = 3

3 Wie heißt die Lösung der Gleichung? Mache die Probe!

a)	b)	c)	d)
1 · x + 26 = 30	4 · x + 13 = 21	6 · x + 23 = 29	3 · x + 43 = 52
10 · x + 41 = 121	2 · x + 21 = 31	11 · x + 37 = 37	4 · x + 10 = 38
2 · x + 35 = 45	3 · x + 19 = 49	3 · x + 37 = 55	6 · x + 19 = 73

4
a)	b)	c)	d)
8 · y + 30 = 150	3 · y + 29 = 128	6 · a − 14 = 40	9 · a − 29 = 79
8 · y + 13 = 109	8 · y + 27 = 155	5 · a − 28 = 12	3 · a − 3 = 30
5 · y + 13 = 63	2 · y + 23 = 49	9 · a − 1 = 62	8 · a − 15 = 65

5 Was gehört zusammen? Bestimme x.

| a | x : 7 + 14 = 25 | b | 3 · x + 11 = 50 | c | 11 + x : 5 = 21 | d | 10 · x − 100 = 100 |

A Multipliziere 10 mit einer Zahl. Subtrahiere vom Ergebnis 100. Du erhältst 100.

B Dividiere eine Zahl durch 7. Addiere zum Ergebnis 14. Du erhältst 25.

C Bilde das Dreifache einer Zahl. Addiere dazu 11. Du erhältst 50.

D Addiere zu 11 den fünften Teil einer Zahl. Du erhältst 21.

L zu Nr. 4 und Nr. 5: 7; 8; 9; 10; 11; 12; 12; 13; 13; 15; 16; 20; 33; 50; 77

130 Gleichungen durch Umformen lösen

1 Monika verschenkt zu Weihnachten selbstgebackene Plätzchen. Sie packt immer die gleiche Menge ab.
Verändere die Waage auf der linken und der rechten Seite so, dass du das Gewicht einer Tüte bestimmen kannst.

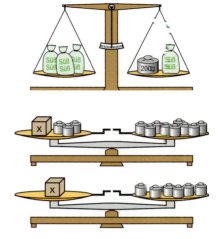

2 Die Waage ist im Gleichgewicht. Erkläre die Umformungen und bestimme das Gewicht eines Paketes.

$$-3 \begin{pmatrix} x + 3 &= 9 \\ x + 3 - 3 &= 9 - 3 \\ x &= 6 \end{pmatrix} -3$$

Antwort: Das Paket wiegt 6 kg.

3
$$+8 \begin{pmatrix} x - 8 &= 11 \\ x - 8 + 8 &= 11 + 8 \\ x &= 19 \end{pmatrix} +8$$

a) $x - 9 = 61$
  $x - 16 = 29$
  $x - 26 = 84$

b) $x - 6{,}5 = 13{,}5$
  $x - 12{,}6 = 26{,}4$
  $x - 24{,}3 = 65{,}7$

> Wenn man auf beiden Seiten einer Gleichung dieselbe Zahl addiert oder subtrahiert, ändert sich die Lösung nicht.

4 Anja, Lisa und Katharina haben sich am Süßigkeitenstand Tüten selbst zusammengestellt.
 a) Anjas Tüte ist zusammen mit einem 25-g-Gewichtsstück genauso schwer wie ein 100-g-Gewichtsstück. Wie schwer ist ihre Tüte? Erkläre die Umformung.
 b) Wie schwer sind die beiden Tüten von Lisa und Katharina?

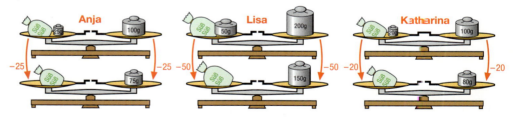

 c) Schreibe jeweils als Gleichung und rechne wie im Beispiel.

5 a) Verändere die Gewichtssteine auf beiden Seiten der Waage. Wie schwer ist der Beutel?
 b) Schreibe als Gleichung und forme auf beiden Seiten um.

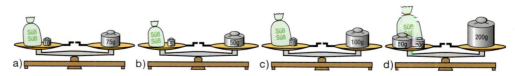

6 a) $x + 9 = 15$
   $x + 27 = 53$
   $x + 217 = 335$

 b) $x - 12 = 3$
   $x - 82 = 98$
   $x - 139 = 302$

 c) $x + 25{,}5 + 5 = 62{,}5$
   $x + 5 + 8{,}4 = 78{,}3$
   $15 + 5{,}6 + x = 89{,}3$

 d) $x - 14{,}5 = 16{,}5$
   $x - 58{,}6 = 26{,}9$
   $x - 128{,}4 = 204{,}7$

Gleichungen durch Umformen lösen

7 a) Die Waage ist im Gleichgewicht. Wie kannst du sie links und rechts verändern, um das Gewicht eines Paketes zu bestimmen?
b) Erkläre die Umformungen.

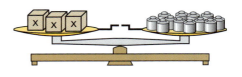

$$:3 \left(\begin{array}{l} 3 \cdot x = 12 \\ 3 \cdot x : 3 = 12 : 3 \end{array} \right) :3$$
$$x = 4$$

Antwort: Das Paket wiegt 4 kg.

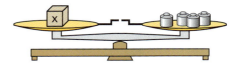

8
$$\cdot 5 \left(\begin{array}{l} x : 5 = 4 \\ x : 5 \cdot 5 = 4 \cdot 5 \end{array} \right) \cdot 5$$
$$x = 20$$

a) x : 6 = 12
x : 9 = 25
x : 12 = 19

b) x : 7 = 13,4
x : 8 = 27,3
x : 12 = 0,9

> Wenn man beide Seiten einer Gleichung mit derselben Zahl multipliziert oder durch dieselbe Zahl dividiert, ändert sich die Lösung nicht.

9 a) In den Tüten ist immer die gleiche Menge Plätzchen abgefüllt. Wie schwer ist ein Beutel?
b) Schreibe als Gleichung auf und rechne wie im Beispiel.

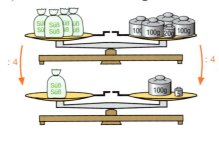
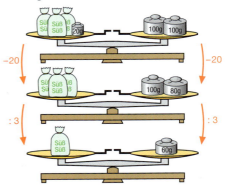

10 Wie schwer ist ein Beutel? Schreibe als Gleichung und forme auf beiden Seiten um.

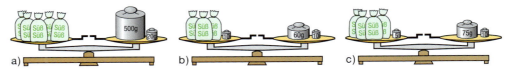

11 Veranschauliche die Gleichung mit Hilfe der Waage und bestimme die Lösung.
a) $6 \cdot x = 72$
$9 \cdot x = 63$
$4 \cdot x = 30$

b) $x : 5 = 16,2$
$x : 7 = 13,9$
$\frac{x}{6} = 18,9$

c) $3 \cdot x + 11 = 71$
$4 \cdot x + 8 = 98$
$6 \cdot x + 6,5 = 39,5$

d) $4 \cdot x + 15 = 105$
$3 \cdot x + 24 = 216$
$9 \cdot x + 12,6 = 95,4$

L zu Nr. 8 bis Nr. 11: 5,5; 7; 7,5; 9,2; 10,8; 12; 20; 20; 20; 22,5; 22,5; 60; 64; 72; 81; 93,8; 97,3; 104; 105; 113,4; 218,4; 225; 228

Gleichungen durch Umformen lösen

Gleichung aufstellen:

Gedachte Zahl:	x
mit 4 multiplizieren:	4 · x
dazu 6 addieren:	4 · x + 6
Gleichung:	4 · x + 6 = 34

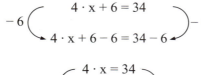

$$4 \cdot x + 6 = 34 \quad | -6$$
$$4 \cdot x + 6 - 6 = 34 - 6$$
$$4 \cdot x = 34 \quad | :4$$
$$\frac{4 \cdot x}{4} = \frac{28}{4}$$
$$x = 7$$

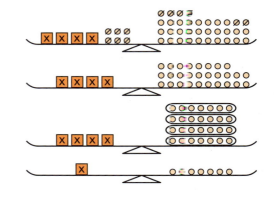

Probe: 4 · 7 + 6 = 34
Ergebnis: Die gedachte Zahl heißt 7.

Immer auf beiden Seiten das Gleiche tun:
- Auf beiden Seiten 6 subtrahieren.
- Auf beiden Seiten durch 4 dividieren.
- Probe durchführen.

1 Löse die Gleichungen und mache die Probe.

a) 2x + 65 = 119
   1,5x + 47 = 104

b) 263 = 4x + 27
   188 = 47 + 3x

c) 2x − 43 = 173
   2,4x − 57 = 305,4

d) 840 = 10x − 270
   34 = 4x − 570

e) 0,5y + 169 = 233
   0,5y − 205 = 75,5

f) 236 = 3y − 1000
   0,3y + 27,5 = 57,2

g) 34,7 = 0,2z + 2,5
   59,5 = z : 4 − 23,5

h) 48,9 = y : 10 − 25
   5y − 950 = 30

i) 5y − 17,5 = 55
   56,1 = 42,8 + x : 3

Lösungen: 14,5 99 108 27 38 39,9 47 59 111 332 128 161 151 196 151 412 56 739

2 a) Denke dir eine Zahl, multipliziere sie mit 6 und addiere 8. Du erhältst 32.
b) Multipliziere eine Zahl mit 3 und subtrahiere 7. Du erhältst 29.

Gleichungen durch Umformen lösen

1 a) 6 · x − 18 = 30   b) 15 · y + 7,5 = 112,5   c) 4 · x + 1 = 7   d) 8 · x − 2 = 28
     8 · x + 32 = 128   12 · y − 6 = 78   x · 15 + 5 = 17   x · 12 − 4 = 36
     x · 25 − 75 = 100   y · 14 + 28 = 154   9 · x − 9 = 6   15 · x − 6 = 19

2 Schreibe als Gleichung und mache die Probe.
     a) Multipliziert man eine Zahl mit 12 und addiert 8, so erhält man 104.
     b) Multipliziert man 8,5 mit einer Zahl und subtrahiert 9,4, so erhält man 50,1.
     c) Dividiert man eine Zahl durch 13 und subtrahiert 26, so erhält man 0.
     d) Wenn man eine Zahl durch 42 dividiert und noch 3,5 addiert, so erhält man 7.

3 Wie heißt die Lösung der Gleichung? Mache die Probe.
     a) 5 · x + 12 = 52   b) 4 · x − 14 = 30   c) 10 · x + 6 = 186   d) 4 · x + 13 = 61
     9 · x − 18 = 27   5 · x − 15 = 90   3 · x + 3 = 33   8 · x − 19 = 101
     12 · x + 16 = 100   4 · x + 6 = 86   2 · x − 5 = 25   6 · x − 25 = 95

4 a) Frau Heist kauft 12 Primeln für den Garten. Sie bezahlt 16,50 Euro.
     b) Ein Lottogewinn wird auf 5 Personen gleichmäßig verteilt. Jeder erhält 6342,85 Euro.
     c) Ein Handball-Club macht mit 43 Personen eine Ausflugsfahrt. Für den Bus müssen 550,40 Euro bezahlt werden.
     d) Für 12,5 m Antennenkabel zahlt Tobias 11,25 Euro. Wie viel kostet 1 m?

5

6 a) Sebastian zu Jennifer: „Wenn du mein Alter mit 15 multiplizierst und noch 8 addierst, erhältst du 218."
     b) Kathrin zu Florian: „Wenn Du mein Alter durch 80 dividierst und 0,1625 subtrahierst, erhältst du 0"

7 a) 5 · (x + 4) = 65   b) 9 · (x + 7) = 171   c) 5 · (x + 3) − 4 = 41   d) 10 · (x + 4) + 19 = 89
     4 · (x − 8) = 56   18 · (x + 11) = 252   8 · (x − 5) + 57 = 65   12 · (x + 9) − 22 = 86
     6 · (x + 5) = 30   62 · (x − 3) = 310   7 · (x + 24) − 79 = 96   40 · (x − 6) − 349 = 11

8 a) 2 · (x + 3) + 3 · x = 41   b) 2 · (x + 1) + 40 = 76   c) 15 · (4 · x + 5) − 32 · x = 257
     10 · (x − 1) − x = 71   9 · (x − 1) − 8 · x = 75   10 · (5 + 5 · x) − 8 · x = 155
     3 · (x + 12) + 6 · x = 135   25 · (x − 5) − x = 19   40 · (x + 2) − 32 · x = 110

9 a) Addiert man 6 zu einer Zahl und multipliziert die Summe mit 8, erhält man 72.
     b) Subtrahiert man 10 von einer Zahl und multipliziert das Ergebnis mit 18, erhält man 108.
     c) Addiert man 25 zu einer Zahl und multipliziert das Ergebnis mit 12, erhält man 384.
     d) Subtrahiert man 49 von einer Zahl und multipliziert das Ergebnis mit 27, erhält man 108.

Gleichungen aufstellen und lösen

Beispiel: Silvia möchte sich das Trekking-Rad kaufen. Sie hat schon 236 Euro gespart. Wie viel Geld fehlt ihr noch?

```
    236 €        x €
|-----------|-----------|
          349,50 €
|-----------------------|
```

Gleichung: $236 + x = 349{,}50$ Probe: $236 + 133{,}50 = 349{,}50$
Umkehraufgabe: $x = 349{,}50 - 236$ Antwort: Silvia muss noch
                 $x = 133{,}50$ 133,50 Euro sparen.

1 Julia hat in ihrer Spardose 73,80 Euro gespart. Sie überlegt, wofür sie das Geld ausgeben möchte. Wie viel Geld bleibt übrig? Wie viel Geld müsste sie noch sparen?
a) Eine CD der Gruppe „Street-Boys" kostet 16,25 Euro.
b) Die Autorennbahn „Hockenheim-Ring" mit einer Rennstrecke von 8,50 Meter und zwei Rennautos hat sie in einem Katalog zu einem Komplettpreis von 125 Euro gesehen.
c) Für ein Stereo-Keyboard, das ihr gefällt, müsste sie 249,99 Euro bezahlen.

2 Erfinde eine Rechengeschichte und berechne.
a) $112 + x = 266$ b) $181 - x = 90$ c) $155{,}50 + x = 339{,}50$ d) $412{,}90 - x = 348{,}00$
   $275{,}50 + x = 349{,}50$ $112 - x = 55$ $521{,}90 - x = 123{,}50$ $126{,}37 + x = 681{,}99$

3 Uli spart für die Inline-Skates. Jeden Monat hat er 8 Euro zurückgelegt. Zum Geburtstag erhält er von den Großeltern noch den Restbetrag von 43 Euro. Wie viele Monate hat er gespart?
(Bezeichne die Anzahl der Monate mit x.)

4 Erfinde eine Rechengeschichte und berechne.
a) $2 \cdot x + 50 = 90$ b) $7 \cdot x - 20 = 330$ c) $x \cdot 12 + 70 = 172$ d) $x \cdot 8 - 35 = 37$
   $3 \cdot x + 20 = 155$ $5 \cdot x - 46 = 123{,}50$ $x \cdot 20 + 85 = 325$ $x \cdot 25 - 95 = 205$

5 a) Am Montag ist die Eintrittskarte für das Kino billiger. Sie kostet dann 5,75 Euro. Uli hat 22,50 Euro für Kinobesuche zurückgelegt. Wie oft kann er montags ins Kino gehen?
b) An den übrigen Tagen muss Uli 4,50 Euro bezahlen. Für wie viele Kinobesuche reicht das Geld? Vergleiche.

6 a) Die Klasse 7c plant einen Tagesausflug mit der Bahn zum Schokoladenmuseum in Köln. Die Fahrt kostet für die 22 Schüler insgesamt 74,80 Euro. Wie teuer ist die Fahrkarte für jede Schülerin und jeden Schüler?
b) Die Klassenlehrerin hat am Ausflugstag Geburtstag. Auf der Bahnfahrt spendiert sie für jedes Kind einen Nussriegel. Sie bezahlt insgesamt 9,90 Euro. Wie teuer ist ein Riegel?

Gleichungen aufstellen und lösen   135

Geometrie **1** Stelle für den Umfang der Vierecke eine Gleichung auf und löse sie.

> *Beispiel:* Rechteck mit Umfang u = 40 cm
>
>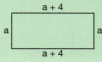
>
> Gleichung aufstellen:
> a + (a + 4) + a + (a + 4) = 40

a) Rechteck mit u = 72, Seiten a und a – 6

b)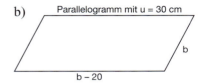
Parallelogramm mit u = 30 cm, Seiten b und b – 20

2 In einem Rechteck ist eine Seite um 10 cm länger als die andere Seite. Der Umfang beträgt 80 cm.
  a) Zeichne eine Skizze und trage die Variablen an den Seiten ein. Stelle eine Gleichung auf und berechne die Länge der Seiten.
  b) Wie groß ist der Flächeninhalt des Rechtecks?

Längen **3** Bei einer dreitägigen Wanderung legt die 7. Klasse der Schillerschule insgesamt 38 km zurück: Am zweiten Tag wanderten sie 4 km mehr als am ersten Tag und am dritten Tag 2 km weniger als am ersten Tag. Wie viel km sind sie an jedem einzelnen Tag gewandert?

Skizze:

1. Tag	2. Tag	3. Tag
x	x + 4	x – 2

38 km

Stelle eine Gleichung auf und löse sie.

4 Zur Verkehrsberuhigung von Bergebach sollte in drei Monaten eine 1400 m lange Ortsumgehung gebaut werden. Im zweiten Monat konnten 150 m mehr als im ersten Monat fertiggestellt werden, im dritten Monat 100 m weniger als im ersten Monat. Trotzdem wurde der Zeitplan eingehalten. Wie viel Meter Straße wurden in jedem Monat gebaut?

Rätsel **5** a) Ulrike hat sich ein Zahlenrätsel ausgedacht: „Ich denke mir eine Zahl, multipliziere mit 7 und subtrahiere vom Ergebnis 37. Ich erhalte 26." Welche Zahl hat Ulrike gedacht?
  b) Petra sagt: „Ich denke mir eine Zahl und addiere dazu 12. Das Ergebnis multipliziere ich mit 8. Dann erhalte ich 200. Wie heißt meine Zahl?"

6 Peter sagt zu seinem Bruder Johannes: „Ich habe Schuhgröße 39, welche Schuhgröße hast du?" Johannes antwortet mit einem Rätsel. „Wenn wir unsere Schuhgrößen addieren, die Summe mit 5 multiplizieren und noch 600 addieren, erhalten wir genau 1000. Weißt du nun meine Schuhgröße?"

Schulfest **7** a) Beim Schulfest wird in der Kuchenecke ein Stück Kuchen für 1,25 Euro verkauft. Insgesamt werden für Kuchen 157,50 Euro eingenommen. Wie viele Stücke Kuchen wurden verkauft?
  b) Es gibt noch eine Tasse Kaffee für 0,75 Euro und selbstgebackene Waffeln zu einem günstigen Preis. Insgesamt konnten 75 Tassen Kaffee und 80 Portionen Waffeln verkauft werden. Die Einnahme betrug 156,25 Euro. Wie viel kostet eine Portion Waffeln?

L zu Nr. 1 bis Nr. 7: 1,25; 8; 9; 10; 12; 12; 13; 15; 15; 16; 21; 25; 30; 41; 126; 350; 375; 450; 600

Bist du fit?

1 Bestimme den Umfang und den Flächeninhalt der Rechtecke. Übertrage die Tabelle in dein Heft und ersetze die Platzhalter durch die angegebenen Werte.

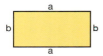

a	2 cm	4 cm	6,5 cm	10 dm	7 dm	5,8 dm	12 m	27,6 m
b	8 cm	6 cm	2,5 cm	5 dm	4 dm	4,2 dm	28 m	38,4 m
$2 \cdot a + 2 \cdot b$								
$a \cdot b$								

2 Vereinfache die Terme.
a) $15 \cdot x - 5 - 10 \cdot x + 15$
   $150 - 50 \cdot x + 50 + 75 \cdot x$
   $45 \cdot x - 35 + 55 \cdot x - 100 \cdot x$
b) $16 + 4 \cdot y - 20 - 4 \cdot y$
   $60 - 30 \cdot y - 20 \cdot y - 60$
   $75 \cdot y - 48 + 25 \cdot y + 48$
c) $35 \cdot z - 20 + 5 \cdot z + 30$
   $35 + 15 \cdot z - 10 \cdot z - 15 + 4 \cdot z$
   $43 + 7 \cdot z - 50 - 6 \cdot z + 7$

3 Schreibe ohne Klammern und vereinfache den Term.
a) $100 - (30 \cdot x - 20)$
   $40 \cdot x - (40 + 12 \cdot x)$
   $50 \cdot x + (50 - 23 \cdot x)$
b) $49 \cdot y + (11 - 48 \cdot y)$
   $64 + (36 \cdot y - 35 - 6 \cdot y)$
   $25 - (32 \cdot y - 32 - 2 \cdot y)$
c) $60 - (20 - 5 \cdot z) - 20$
   $33 \cdot z - (32 + 13 \cdot z) + 44$
   $44 - (32 \cdot z + 13) - 31$

4 Für den Klassenausflug kaufen Bert, Martina und Tanja ein. Jeder will einen Film, eine Tüte Weingummi und eine 400-g-Packung Müsliriegel mitnehmen. Wie viel Euro müssen sie bezahlen? Rechne zur Kontrolle auf zwei Arten.

5 Löse die Zahlenrätsel.

a) Multipliziere die Zahl mit 6 und subtrahiere 20. Du erhältst 10.	b) Dividiere die Zahl durch 5 und addiere 6. Du erhältst 30.
c) Addiere 7 zu der Zahl und multipliziere mit 8. Du erhältst 88.	d) Subtrahiere 15 von der Zahl und dividiere durch 3. Du erhältst 25.

6 a) Frau Schäfer kauft auf dem Markt 12 Gladiolen. Sie zahlt mit einem 20-Euro-Schein und erhält 6,20 Euro als Wechselgeld zurück. Wie teuer ist eine Gladiole?
b) Herr Manz kauft an dem gleichen Marktstand 7 Lilien zu je 1,85 Euro und 11 Rosen. Er zahlt mit einem 50-Euro-Schein und erhält 20 Euro als Wechselgeld. Wie teuer ist eine Rose?

7 Löse die Gleichungen.
a) $3 \cdot x - 25 = 170$
   $9 \cdot x + 47 = 146$
   $x \cdot 25 - 75 = 350$
b) $5 \cdot (x - 15) = 100$
   $(x + 19) \cdot 8 = 416$
   $230 = 10 \cdot (x - 9)$
c) $5 \cdot (x + 12) - 2 \cdot x = 114$
   $(x - 15) \cdot 8 + 4 \cdot x = 240$
   $(3 \cdot x - 4) \cdot 5 - 12 \cdot x = 40$

11 Sachrechnen

Partyeinkauf 1 Sven, Marion, Birgit und Michael planen eine Party. Jeder ist für seine Besorgungen verantwortlich. Am Ende wollen sich die vier die Auslagen teilen. Sie laden noch weitere Freundinnen und Freunde ein.

Birgit
- 20 Semmeln
- 1 Stück Butter
- 150 g Fleischwurst
- 200 g Schinken
- 175 g Leberwurst
- 125 g Jagdwurst
- 300 g Emmentaler

Marion

für Nudelsalat:
- 1 kg Tomaten
- 1 Glas Gurken
- 1 Paket Nudeln
- 1 Fl. Tomatenketschup

für Tunfisch-Mais-Salat:
- $\frac{1}{2}$ kg Paprika
- 2 Dosen Tunfisch
- 1 Dose Mais

Sven und Michael kaufen die übrigen Sachen im Großhandel ein.

Sven und Michael

Dekoration:
- 2 Pakete Servietten
- 3 −"− Luftschlangen
- 3 −"− Krepppapier für Girlanden
- 10 Luftballons

Zum Knabbern:
- 3 Beutel Chips
- 2 Pakete Salzstangen
- 2 −"− Stickers

Getränke (ohne Kasten):
- 6 Fl. Limo
- 12 Fl. Cola
- 6 Fl. Orangensaft

Handwerker im Haus

1 Die Waschmaschine bei Familie Huber war defekt. Herr Huber musste den Kundendienst kommen lassen. Er bestätigt die durchgeführte Reparatur und erhält später die endgültige Rechnung.

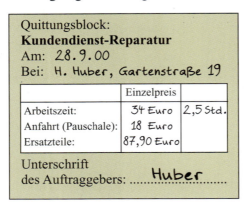

Gesamtansatz:
$34 \cdot 2{,}5 + 18 + 87{,}90 = \blacksquare$ €

2 In jedem Jahr führt der Schornsteinfeger eine Messung der Heizungsanlage durch. Er überprüft dabei, ob der Heizofen Öl oder Gas sparsam verbrennt und ob die Abgase den gesetzlichen Vorgaben entsprechen. Familie Huber hat vorab ihre Heizungsanlage reinigen und warten lassen. Folgende Arbeiten wurden durchgeführt. Berechne den Endpreis.

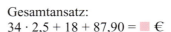

3 Familie Huber möchte an ihrem Hause einen Bewegungsmelder anbringen lassen.
  a) Wie funktioniert ein Bewegungsmelder? Welche Gründe sprechen für seine Anschaffung?
  b) Wo würdest du den Bewegungsmelder anbringen?
  c) Berechne die Kosten anhand des Kostenvoranschlages.

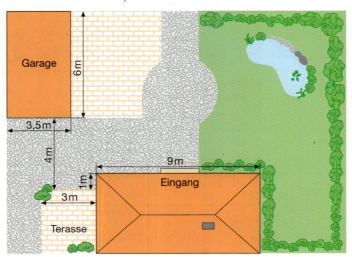

Wohnungsrenovierung

Familie Bauer renoviert die Wohnung.

zusätzliche Daten:
Fenster (L·B): 1200 mm x 1100 mm
Balkontür (L·B): 2150 mm x 980 mm
Türen (L·B): 2000 mm x 860 mm
Raumhöhe: 2,50 m

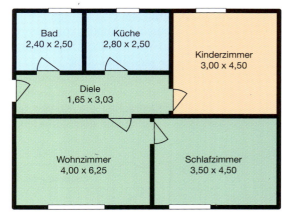

1 a) Der Teppichboden für das Schlafzimmer kostet 286,65 Euro. Diele und Kinderzimmer sollen mit der gleichen Ware ausgelegt werden. Wie viel Euro müssen insgesamt für den Teppichboden bezahlt werden?
b) Herr Bauer will im Schlafzimmer neue Fußbodenleisten anbringen. Der Baumarkt bietet 2,50 m lange Leisten zum Preis von 7,50 Euro pro Stück an. Berechne den Gesamtpreis.

2 Herr Bauer möchte die Küche mit einer Holzdecke ausstatten.
a) Wie viele Pakete Bretter werden gebraucht?
b) Wie viel Euro müssen für das Holz ausgegeben werden?
c) In einem anderen Baumarkt kostet 1 m^2 derselben Bretter 9,49 Euro. Vergleiche.

3 Cornelias Zimmer muss neu tapeziert werden.
a) Wie viele Tapetenrollen werden jeweils benötigt? Runde sinnvoll.
b) Wie hoch sind die Kosten für das Tapezieren, wenn noch zwei Päckchen Kleister gekauft werden?

Wandhöhe in Meter	2,25				2,50			
Wandlänge in Meter	10	15	20	25	10	15	20	25
Anzahl der Rollen	5	7	9	12	6	8	10	12

4 a) 6 m Gardinenstoff sind für ein 240 cm breites Fenster vorgesehen. Wie viel m Stores werden im Wohnzimmer benötigt?
b) 2 m des ausgewählten Stoffes kosten im Kaufhaus 34 Euro. Für Verbrauchsmaterial (Band, Haken, usw.) werden zusätzlich 39,40 Euro, für Nählohn 82,60 Euro berechnet. Wie teuer kommen die Gardinen?

Wohnungsrenovierung

5 Frau Bauer möchte ihr Wohnzimmer mit einem Fußbodenkork auslegen.
  a) Wie viel Korkfliesen muss sie mindestens einkaufen?
  b) Wie viel Kilogramm Korkkleber werden zum Verlegen der Fliesen benötigt?
  c) Berechne die Kosten für den Bodenbelag und den Korkkleber.

6

Rechnung Nr. 3				
Pos. Nr.	Artikel	Menge	Einzelpreis EUR	Gesamtpreis EUR
	Materialkosten			
1.0	Holzlasur	3,4 l	12,85	
2.0	Acryllack	6,6 l	14,60	
3.0	Abdeckband (Rollen)	4,0	2,15	
	Lohnkosten			
4.0	Gesellenstunden	$18\frac{1}{2}$	29,50	
5.0	Helferstunden	$4\frac{1}{2}$	15,60	

Frau Bauer lässt die Fenster- und Türrahmen lackieren.
  a) Bleibt die Rechnungssumme unter 800 Euro?
  b) Eine 11,25 m² große verteilte Wandfläche soll mit einer Holz-Farblasur zweimal gestrichen werden. 1 Liter Farblasur reicht für 10 m². Wie viele 750-ml-Dosen müssen eingekauft werden?

7 a) Das Badezimmer soll bis zur Decke gefliest werden. Wie viele Fliesen der Größe 15 cm x 20 cm werden mindestens benötigt?
  b) In der Küche wurde eine 3 m² große Wandfläche mit 132 Kacheln verkleidet. Sind die Kacheln in Küche und Bad von gleicher Größe?

8 Für Malerarbeiten im Wohnzimmer kauft Herr Bauer einen 15 Liter Eimer Wandfarbe, eine Tube Abtönfarbe, einen Fassadenroller und zwei Ringpinsel.
  a) Berechne den Gesamtpreis.
  b) Wie viel m² Fläche will er insgesamt streichen?
  c) Kann er die Zimmerdecke ein zweites Mal streichen?
  d) Cornelia meint, Vater hätte die Farbe für die Wände und die Zimmerdecke günstiger einkaufen können. Rechne.

Klassenfahrt nach Überlingen 141

Der Bodensee ist Ziel einer Klassenfahrt. Die Klassen 7a und 7b fahren mit 23 Jungen und 24 Mädchen. Sie haben für ihre Fahrt ein umfassendes Programm geplant. Berechne die Gesamtkosten je Schüler. Berücksichtige ein Taschengeld von höchstens 25 Euro.

1. Tag
Bahnfahrt nach Überlingen
Mittagessen in der JH
nachmittags Stadtralley
abends Essen in der JH

Bahn: Hin- und Rückfahrt
Normalpreis: 32 Euro
Ermäßigung: 6–20 Schüler   55 %
              21–50 Schüler   60 %

2. Tag
Wanderung nach Uhldingen
Besichtigung der Pfahlbauten

Eintritt Pfahlbauten
Erwachsene   3 €
Jugendliche   2 €
Gruppen   1,50 €

Klassenfahrt nach Überlingen

3. Tag
vormittags Schiffsfahrt nach Meersburg
Lunchpaket statt Mittagessen in der JH
weiter mit dem Schiff nach Konstanz und zurück nach Überlingen.
Abendessen in der JH.

Museum Meersburg
Erwachsene 2,50 €
Jugendliche 1,50 €
Gruppen 1,00 €

4. Tag
Ausflug auf die Insel Mainau mit dem Schiff
Besuch von Park und Garten

Mittagessen

nachmittags Baden im See
Abendessen in der JH Überlingen

Tageskarte für das Schiff: 6,50 €

Eintritt Insel Mainau:
Erwachsene 7,00 €
Schüler zum halben Preis

für das Mittagessen werden 6 Euro eingesammelt

Strandbad: Eintritt 1,50 €

Weitere Überlegungen
Ein Busunternehmen macht ein Pauschalangebot für einen Bus mit 50 Plätzen. Der Bus kostet 1500 Euro und steht den Klassen die ganze Zeit zur Verfügung. Vergleiche, ob sich das Angebot lohnt. Im Preis ist eine Sonderfahrt mit dem Bus nach Rorschach enthalten. Dort kann man mit der Zahnradbahn zum Luftkurort Heiden fahren. Der Preis für die Zahnradbahn Rorschach-Heiden beträgt 5 Euro.

12 Prüfe dein Wissen

Rechnen mit Brüchen

1 Erweitere

a) auf den Nenner 36

$\dfrac{1}{3}\quad \dfrac{3}{4}\quad \dfrac{7}{9}\quad \dfrac{5}{18}\quad \dfrac{11}{12}\quad \dfrac{5}{6}\quad \dfrac{3}{2}$

b) auf den Nenner 48

$\dfrac{5}{8}\quad \dfrac{13}{6}\quad \dfrac{17}{12}\quad \dfrac{15}{4}\quad \dfrac{9}{16}\quad \dfrac{5}{3}$

c) auf den Nenner 120

$\dfrac{7}{20}\quad \dfrac{19}{4}\quad \dfrac{31}{6}\quad \dfrac{49}{40}\quad \dfrac{17}{15}\quad \dfrac{37}{24}$

2 Übertrage in dein Heft und ergänze.

a) $\dfrac{40}{48} = \dfrac{\square}{6}\qquad \dfrac{24}{32} = \dfrac{3}{\square}\qquad \dfrac{63}{81} = \dfrac{\square}{9}\qquad \dfrac{35}{49} = \dfrac{5}{\square}\qquad \dfrac{9}{7} = \dfrac{\square}{63}\qquad \dfrac{\square}{24} = \dfrac{3}{4}$

b) $\dfrac{\square}{30} = \dfrac{1}{6}\qquad \dfrac{25}{\square} = \dfrac{5}{6}\qquad \dfrac{\square}{90} = \dfrac{7}{15}\qquad \dfrac{63}{72} = \dfrac{7}{\square}\qquad \dfrac{30}{42} = \dfrac{5}{\square}\qquad \dfrac{\square}{45} = \dfrac{4}{3}$

3 Gib als Bruch an und kürze.

a) 7 m von 70 m
16 m von 96 m
14 m von 168 m
78 m von 156 m

b) 125 cm von 1 m
450 cm von 3,6 km
44 cm von 1,1 km
52 mm von 8,32 dm

c) 90 l von 930 l
35 l von 1,2 hl
520 l von 1,68 m³
2,4 hl von 1,78 m³

d) 35 g von 285 g
12 kg von 80 kg
725 kg von 3,5 t
1,45 t von 4930 kg

4 Übertrage in dein Heft und ergänze.

a) $\dfrac{1}{2}$ von 74 kg = $\square$
$\dfrac{\square}{4}$ von 160 g = 120 g
$\dfrac{2}{3}$ von $\square$ = 46 t

b) $\dfrac{2}{5}$ von 90 min = $\square$
$\dfrac{\square}{5}$ von 60 h = 48 h
$\dfrac{3}{8}$ von $\square$ = 120 s

c) $\dfrac{17}{12}$ von 96 ha = $\square$
$\dfrac{19}{15}$ von $\square$ = 570 cm²
$\dfrac{\square}{8}$ von 48 m² = 120 m²

d) $\dfrac{3}{4}$ von 84 l = $\square$
$\dfrac{\square}{9}$ von 720 hl = 400 hl
$\dfrac{7}{15}$ von $\square$ = 84 dm³

5

a) $\dfrac{1}{3} + \dfrac{2}{5} + \dfrac{1}{6}$
$\dfrac{3}{5} + \dfrac{1}{6} + \dfrac{3}{10}$
$\dfrac{1}{6} + \dfrac{1}{10} + \dfrac{7}{15}$
$\dfrac{3}{4} + \dfrac{2}{9} + \dfrac{7}{12}$

b) $\dfrac{9}{10} - \dfrac{9}{15}$
$\dfrac{17}{21} - \dfrac{9}{14}$
$\dfrac{17}{21} - \dfrac{1}{6}$
$\dfrac{14}{15} - \dfrac{1}{6}$

c) $7\dfrac{1}{4} + 2\dfrac{2}{5}$
$5\dfrac{1}{3} + 11\dfrac{7}{8}$
$3\dfrac{6}{11} + 4\dfrac{1}{2}$
$6\dfrac{7}{9} + 11\dfrac{2}{3}$

d) $10\dfrac{1}{7} - 4\dfrac{1}{4}$
$18\dfrac{1}{4} - 12\dfrac{1}{9}$
$6\dfrac{3}{4} - 1\dfrac{1}{16}$
$4\dfrac{3}{12} - 1\dfrac{3}{4}$

6 Gib das Ergebnis in gekürzter Form an.

a) $\dfrac{6}{7} \cdot \dfrac{7}{10}\qquad \dfrac{6}{7} \cdot \dfrac{11}{12}\qquad \dfrac{12}{11} \cdot \dfrac{22}{15}$

b) $\dfrac{2}{7} : \dfrac{11}{8}\qquad \dfrac{2}{7} : \dfrac{4}{15}\qquad \dfrac{14}{9} : \dfrac{7}{13}\qquad \dfrac{3}{5} : \dfrac{14}{15}$

c) $8\dfrac{1}{3} \cdot 7\dfrac{1}{2}\qquad 4\dfrac{3}{8} \cdot 5\dfrac{1}{3}\qquad 2\dfrac{5}{6} \cdot 4\dfrac{1}{5}\qquad 3\dfrac{2}{3} \cdot 2\dfrac{7}{10}$

d) $9\dfrac{1}{5} : 4\dfrac{2}{11}\qquad 6\dfrac{4}{5} : 4\dfrac{4}{9}\qquad 4\dfrac{1}{6} : 2\dfrac{4}{9}\qquad 5\dfrac{3}{7} : 2\dfrac{4}{5}$

7 a) Der Saft soll in Flaschen abgefüllt werden. Wie viele Flaschen erhält man jeweils?
b) Wie viele Flaschen erhält man, wenn ein 50-l-Fass abgefüllt werden soll?
c) Aus einem 100-l-Fass werden 63 Flaschen mit $\dfrac{1}{4}$ Liter, 34 Flaschen mit $\dfrac{1}{2}$ Liter und 34 Flaschen mit 1 Liter abgefüllt. Wie viele Flaschen mit 2 Liter können noch abgefüllt werden?

Rechnen mit Dezimalbrüchen

1 Forme in Dezimalbrüche um und runde auf die geeignete Stellenzahl.

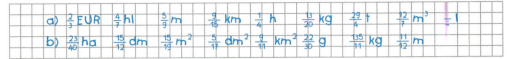

a) $\frac{2}{3}$ EUR $\frac{4}{7}$ hl $\frac{5}{9}$ m $\frac{9}{15}$ km $\frac{1}{4}$ h $\frac{13}{20}$ kg $\frac{29}{4}$ t $\frac{12}{7}$ m³

b) $\frac{23}{40}$ ha $\frac{15}{12}$ dm $\frac{15}{19}$ m² $\frac{5}{17}$ dm² $\frac{9}{11}$ km² $\frac{22}{30}$ g $\frac{135}{11}$ kg $\frac{11}{12}$ m

2 Ordne jeweils die Brüche im linken Feld den wertgleichen Brüchen im rechten Feld zu.

Linkes Feld: $\frac{58}{4}$ $\frac{7}{500}$ $7\frac{1}{2}$ $\frac{3}{200}$ $\frac{17}{20}$ $\frac{21}{125}$ $\frac{5}{8}$ $\frac{5}{40}$ $\frac{103}{40}$ $\frac{3}{25}$ $\frac{93}{40}$

Rechtes Feld: 0,85   0,015   0,014   0,625   7,5   2,325   0,168   0,125   2,06   0,625   14,5

3 Multipliziere im Kopf. Schreibe das Ergebnis auf.

a) 5 · 0,3 ; 7 · 0,2 ; 8 · 0,6 ; 15 · 0,3

b) 0,4 · 0,2 ; 0,8 · 0,3 ; 0,7 · 0,7 ; 0,1 · 0,5

c) 0,03 · 0,7 ; 0,05 · 0,9 ; 0,08 · 0,4 ; 0,3 · 0,01

d) 0,06 · 0,05 ; 0,03 · 0,07 ; 0,08 · 0,08 ; 0,02 · 0,03

e) 12,4 · 0,001 ; 3,5 · 0,0002 ; 22,5 · 0,003 ; 50 · 0,0004

4 Rechne vorteilhaft.

a) 0,5 · 3,8 · 2
9,75 · 8 · 0,25
0,2 · 3,45 · 0,5

b) 0,75 · 1,8 · 20
0,4 · 0,5 · 0,88
1,035 · 1,25 · 80

c) 0,6 · (4,38 + 62)
(0,501 − 0,49) · 7
6,3 · (0,77 + 9,23)

d) (8,41 − 7,45) : 6
(0,18 + 7,32) : 1,5
(0,62 + 0,7) : 0,11

5 Runde das Ergebnis auf Tausendstel.

a) 0,473 · 2,86
6,009 · 8,54

b) 23,54 · 1,063
75,43 · 0,708

c) 7,0707 · 0,538
0,4735 · 3,086

d) 0,0728 · 0,109
0,0625 · 0,074

6 Dividiere im Kopf. Schreibe das Ergebnis auf.

a) 1,2 : 4 ; 7,5 : 5 ; 4,2 : 7

b) 3,6 : 0,3 ; 8,4 : 0,4 ; 5,6 : 0,8

c) 0,8 : 0,4 ; 0,9 : 0,3 ; 0,3 : 0,6

d) 0,06 : 0,3 ; 0,36 : 0,9 ; 0,63 : 0,7

e) 25 : 0,5 ; 72 : 0,8 ; 60 : 0,6

7 Beachte die Regel „Punktrechnung geht vor Strichrechnung".

a) 0,4 · 3,7 − 2,5 · 0,6
0,9 · 1,8 − 2,9 · 0,4

b) 8 − 4,5 · 1,2 + 0,3
9,9 + 4,2 · 1,5 − 9,8

c) 3,7 + 28 : 6,4 + 7,5
5,1 − 56 : 1,4 − 8,6

d) 9 + 8,5 : 1,7 − 7,9
8,7 − 4,9 : 0,7 − 5,6

8 Übertrage die Kassenzettel in dein Heft und ergänze.

Milch 3 x 0,89	
Butter	0,99
Joghurt 4 x	2,12
Brot	1,95
Toast	0,89
SUMME	
BAR	20,00
Rückgeld	

T-Shirt 2 x 9,25	
Socken 4 x	15,96
Bluse	17,59
Hose	
Jacke	73,87
SUMME	
BAR	200,00
Rückgeld	24,21

Heft x 0,79	9,48
Füller	
Stifte x 4,99	9,98
Block 3 x 3,68	
Lineal	1,95
SUMME	45,43
BAR	
Rückgeld	4,57

Rechnen mit Größen

Längen

1 Verwandle in die angegebenen Längeneinheiten.
- a) 40 mm (cm, dm)
- b) 80 cm (dm, mm)
- c) 3,7 dm (cm, mm)
- d) 4,5 m (cm, mm)

  90 mm (dm, cm) 8 cm (dm, mm) 9,2 dm (m, cm) 3724 m (km, dm)

  120 mm (cm, dm) 6 cm (mm, m) 8,3 m (cm, dm) 9 m (km, cm)

2 Die Pendelspitze einer Standuhr legt in einer Sekunde eine Strecke von 35 cm zurück.
- a) Welche Strecke legt die Pendelspitze in 1 Minute (1 Stunde, 1 Tag, 1 Woche, im Monat Mai, in einem Schaltjahr) zurück. Gib das Ergebnis in geeigneten Längeneinheiten an.
- b) Wie lange dauert es, bis die Pendelspitze 100 m (750 m, 25 km, 1000 km) zurückgelegt hat?

3 a) Bei einer Armbanduhr legt die Spitze des Sekundenzeigers in einer Sekunde einen Weg von 1,2 mm zurück. Berechne den Weg des Sekundenzeigers in 1 Minute (1 Stunde, 1 Tag, 1 Woche).
   b) Der Minutenzeiger legt in einer Minute einen Weg von 0,9 mm zurück. Berechne den Weg des Minutenzeigers in 1 Stunde (1 Tag, 6 Monaten, 3 Jahre, 5 Jahre).

4 Welche Strecke legen die Tiere zurück?

Massen

5 Verwandle in die angegebenen Gewichtseinheiten.
- a) 7000 g (kg)
- b) 6 g (mg)
- c) 2500 kg (t)
- d) 0,5 g (mg)
- e) 4,020 kg (g)

  3,5 kg (g) 7500 mg (g) 7,5 t (kg) 0,002 t (kg) 7,0 g (kg)

  250 g (kg) 500 mg (g) $\frac{1}{4}$ t (kg) $\frac{3}{4}$ kg (g) 0,003 kg (mg)

6

In einer Schokoladenfabrik wird Schokolade für den Versand abgepackt. 1 Tafel Schokolade wiegt 100 g, die Verpackung 2 g. Es werden
15 Tafeln in 1 Schachtel (Eigengewicht 135 g)
20 Schachteln in 1 Karton (Eigengewicht 950 g)
60 Kartons auf 1 Palette (Eigengewicht 35 kg)
gepackt.
- a) Wie schwer ist eine gefüllte Schachtel (Karton)?
- b) Wie viele beladene Paletten kann ein Lkw mit einer Nutzlast von 34 t höchstens abfahren?

7 Andrea (13 Jahre alt) atmet durchschnittlich 25-mal pro Minute ein. Dabei nimmt sie jeweils 350 ml Luft auf. Ein Liter Luft wiegt 1,3 g.
- a) Berechne das Gewicht der Atemluft, die Andrea in 1 Minute (1 Stunde, 1 Tag, 1 Jahr, 13 Jahre) aufnimmt.
- b) Wie oft atmest du pro Minute? Wie viel Milliliter Atemluft nimmst du pro Atemzug auf? Berechne das Gewicht der Atemluft, die du seit Stundenbeginn (Mitternacht, Schuljahresbeginn, Neujahr, deiner Geburt) schon eingeatmet hast.

8 Ein Haar von 1 cm Länge wiegt 0,011 mg. Menschen können bis zu 120 000 Kopfhaare haben.

32 cm lang	17 cm lang	1,2 cm lang	7 cm lang	5,8 cm lang
105 000 Haare	115 000 Haare	95 000 Haare	45 000 Haare	11 200 Haare

a) Berechne jeweils das Gewicht der Kopfhaare.
b) Jeden Monat wachsen einem Schüler auf seinem Kopf 1,2 Kilometer Haar, selbstverständlich auf alle 120 000 Haare verteilt. Berechne das Gewicht deiner Haare seit deiner Einschulung.

Zeitspannen **9** Verwandle in die angegebenen Zeiteinheiten.

a) 2 h (min, s)　b) 60 s (min, h)　c) 6,5 h (min)　d) $4\frac{1}{2}$ Tage (h)　e) 45 min (h, s)

　30 min (h, s)　　3 Tage (h, min)　$3\frac{1}{2}$ min (s)　$2\frac{3}{4}$ Jahre (Tage)　31 Tage (h, min)

10 Übertrage die Tabelle in dein Heft und fülle sie aus.

Abfahrt	12:45		5:12	22:35		19:17	
Ankunft	21:15	7:32	10:48	3:23	4:37	2:05	7:09
Fahrzeit		8 h 45 min			6 h 42 min		9 h 12 min
Strecke (km)		735		274,4		573	
Geschw. km/h	90		73		108		95,5

11

Spielunterbrechung	Anzahl
Einwürfe	7 sec	62
Eckstöße	18 sec	24
Torabschläge	0,25 min	31
Freistöße	11 sec	21
Behandlungen	$1\frac{1}{2}$ min	4

Der Schiedsrichter ließ beim letzten Pokalspiel wegen zahlreicher Spielunterbrechungen $4\frac{1}{2}$ Minuten nachspielen.
a) Wie lange war der Ball im Spiel?
b) Wie lange war der Ball nicht im Spiel?
c) Gib die reine Spielzeit in Prozent an.

12

Stalaktiten wachsen im Jahr durchschnittlich 0,6 mm, Stalagmiten 1,2 mm.
a) Wie lange dauert es, bis ein Stalagmit 18 mm (25 cm, 87,6 cm, 1,752 m) wächst?
b) Wie lange dauert es, bis ein Stalaktit 5 mm (13 cm, 95,8 cm, 2,375 m) wächst?

c) Ein Stalaktit und ein Stalagmit sind noch 2,578 m (4,378 m; 8,394 m) voneinander entfernt. Wann werden sie zusammenwachsen? Runde auf ganze Jahre.

Rechnen mit Größen

Flächen-inhalte

1 Übertrage die Tabellen in dein Heft und ergänze.

dm²	cm²	mm²
0,75		
	900	
		3725
8		
	1500	
		87 000

m²	dm²	cm²
	17	
		500
2,27		
8		
	2500	
		17 500

km²	ha	a
23		
	8700	
		450
1,75		
	34	
		6500

2 Gib das Ergebnis jeweils in der kleineren und größeren Einheit an.
a) 275 mm² + 230 cm²   b) 625 m² + 3,5 a   c) 4800 mm² + 32 dm²   d) 425 mm² + 28 cm² + 3 dm²
   125 cm² + 275 dm²   18,25 a + 9,5 ha   1850 cm² + 2,5 m²   650 cm² + 18 dm² + 4,5 dm²
   185 dm² + 1,75 m²   850 ha + 45 m²   325 a + 27 km²   1850 m² + 25 a + 1,8 ha

3 Papierformate der A-Reihe
Durch Halbieren der längeren Seite entsteht das nächstkleinere Format. A0 halbiert ergibt A1, A1 halbiert ergibt A2 usw. Runde sinnvoll ab.
a) Welche Maße haben die Papierformate?
b) Berechne den Flächeninhalt der einzelnen Papierformate. Wähle geeignete Flächeneinheiten.
c) Finde Anwendungsbeispiele für die Papierformate.

4
a) Erkläre die Angaben auf dem Aufdruck.
b) Welche Fläche hat ein Blatt Papier?
c) Welche Fläche kannst du mit einem Paket Papier auslegen?
d) Wie schwer ist das Paket?
e) Ein Blatt Papier ist 0,1 Millimeter dick. Berechne das Volumen des Pakets.

5 Das Mosaik „Alexanderschlacht" stellt den Sieg Alexander des Großen über den Perserkönig Darius im Jahre 333 v. Chr. dar. Es ist 6,20 Meter lang und 4,20 Meter breit. Ein Mosaiksteinchen hat die Maße 5 mm x 5 mm. Wie viele Mosaiksteinchen enthält das Mosaik?

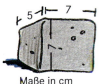
Maße in cm

6 Eine Fußgängerzone (6,8 m breit, 340 m lang) wird mit Granitpflaster ausgelegt.
a) Wie viele Pflastersteine müssen angefahren werden? Runde auf volle Tausender.
b) 1 m³ Granit wiegt 2,6 Tonnen. Wie oft muss ein Lkw mit einer Nutzlast von 24 Tonnen mindestens fahren, um die Pflastersteine zu liefern?

7 Berechne die Fläche der Alpengletscher. Runde sinnvoll.

Gletscher	Länge	Breite	Gletscher	Länge	Breite
Aletschgletscher	22 km	5227 m	Pasterze	10,2 km	3088 m
Gornergletscher	13 km	5169 m	Gurglerferner	9,8 km	1480 m
Unteraargletscher	15 km	2667 m	Mer de Glace	12,1 km	3421 m

Rechnen mit Größen

Rauminhalte

1 Übertrage die Tabellen in dein Heft und ergänze.

dm³	cm³	mm³
8		
	300	
		4500
0,4		
	0,7	
		85 000

m³	dm³	cm³
1,5		
	8	
		600 000
0,2		
	1,275	
		75 000

m³	hl	l
6,5		
	3,75	
		750 000
0,455		
		8500
	385	

2 Aus einem undichten Wasserhahn tropfen in einer Sekunde 2 Wassertropfen zu je 385 mm³.
a) Wie viel Wasser wird dadurch in 1 Minute (1 Stunde, 1 Tag) verschwendet?
b) Wie lange dauert es, bis aus dem undichten Wasserhahn 10 l (35 l, 2,5 hl, 1 m³) Wasser getropft sind?

3 Bei einem Wasserrohrbruch liefen 185 Liter Wasser pro Sekunde aus. Nach 18 Minuten konnte die Rohrleitung abgesperrt werden. Berechne die ausgelaufene Wassermenge.

4 In Spanien fielen bei einer Unwetterkatastrophe 70 Liter Niederschläge auf 1 Quadratmeter.
a) Welche Niederschlagsmenge fiel auf die Fläche von 5,8 km² (78 ha, 45 a)?
b) Ein Regentropfen hatte ein Volumen von ungefähr 675 mm³. Wie viele Regentropfen fielen auf einen Quadratmeter?

5

Über die Horseshoe Falls, den kanadischen Teil der Niagarafälle, stürzen im Sommer 2 554 875 Liter Wasser pro Sekunde 50,9 Meter in die Tiefe.
a) Berechne die Wassermassen für 1 Minute (45 Minuten, 1,5 Stunden). Gib das Ergebnis in m³ an.
b) Welche Wassermenge stürzt in 15 Tagen (3 Monaten, 1 Jahr) in die Tiefe? Gib das Ergebnis in km³ an.
1 km³ = 1000 m · 1000 m · 1000 m

6 In einer Farbenfabrik wird Lack abgefüllt: 750 Eimer zu je 15 l, 680 Eimer zu je 10 l, 1200 Eimer zu je 7,5 l, 870 Eimer zu je 5 l, 1500 Dosen zu je 750 ml und 450 Dosen zu je 375 ml.
a) Wie viel Liter Lack wurden insgesamt abgefüllt?
b) 850 ml Lack wiegen 1 kg. Berechne das Füllgewicht der einzelnen Verpackungsgrößen. Runde auf zwei Stellen nach dem Komma.

7 1995 betrug die Welterdölförderung 3,1 Milliarden Tonnen. 1 Liter Erdöl wiegt durchschnittlich 0,925 kg.
a) Wie viele m³ Erdöl wurden 1995 gefördert?
b) Erdöl wird in Barrel verkauft. 1 Barrel entspricht 158,9 Liter. Wie viele Barrel Erdöl wurden 1995 verkauft?

Zuordnungen

1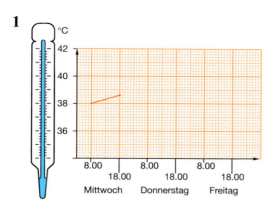

Helmut liegt mit einer Erkältung seit vier Tagen im Bett. Er hat sich die Fiebertemperaturen aufgeschrieben:

Mittwoch		Donnerstag		Freitag		Samstag	
8:00	18:00	8:00	18:00	8:00	18:00	8:00	18:00
38,1	38,6	38,4	39,1	37,9	38,2	37,5	37,8

a) Vervollständige die Fieberkurve im Heft.
b) Beschreibe den Verlauf der Kurve.
c) Kannst du aus der Kurve ablesen, wie hoch Helmuts Temperatur am Donnerstag um 12.00 Uhr tatsächlich war?

2 Übertrage die Tabelle ins Heft. Bestimme die fehlende Größe.

a)
Gewicht kg	Preis €
24	96
	24
	8
	32

b)
Geld €	Geld SFR
160	100
	800
640	
240	
	750

c)
Arbeitszeit (h)	Verdienst (€)
8	96
	108
6	
10	

d)
Strecke (km)	Zeit (h)
300	5
180	
	8
600	
	11

3 Fünf Flaschen Orangensaft kosten 3 Euro.
a) Wie viel Euro kosten 3 (7, 9, 12) Flaschen?
b) Wie viele Flaschen erhält man für 4,20 Euro (5,40 Euro, 7,20 Euro, 12 Euro)?

4 Berechne und vergleiche.

5 Gerd und Helmut machen das Sportabzeichen. Beim 20-km-Radfahren benötigt Gerd eine Stunde 15 Minuten.
a) Wie viel km legt er durchschnittlich in einer Stunde zurück?
b) Helmut benötigt für die gleiche Strecke 80 Minuten.

6 Herr Hole ist mit dem Auto auf der Autobahn unterwegs. Er hält die vorgeschriebene Geschwindigkeitsbegrenzung von 120 km pro Stunde genau ein. Welche Strecke hat er nach folgenden Fahrzeiten zurückgelegt?

a) 8 min   b) 12 min   c) $15\frac{1}{2}$ min   d) 120 s   e) 150 s   f) 210 s   g) 270 s

Prozentrechnung

1 Schreibe als Prozent.
a) $\frac{1}{2}$ $\frac{1}{4}$ $\frac{1}{5}$ $\frac{1}{10}$ $\frac{1}{20}$ $\frac{1}{25}$
b) $\frac{1}{50}$ $\frac{1}{100}$ $\frac{3}{4}$ $\frac{4}{5}$ $\frac{7}{10}$ $\frac{9}{20}$
c) $\frac{6}{30}$ $\frac{18}{12}$ $\frac{38}{400}$ $2\frac{•}{100}$ $\frac{6}{15}$ $\frac{51}{85}$

2 Schreibe als Bruch und als Dezimalbruch.
a) 5% 2% 10% 1% 4%   b) 50% 25% 60% 20% 75%   c) 48% 168% 98% 252%

3 Wie viel Prozent der Fläche ist grün gefärbt?

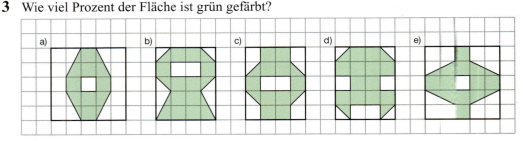

4 Berechne den Prozentwert.
a) 10% von 250 €   b) 20% von 150 kg   c) 25% von 280 m²   d) 30% von 510 km
   55% von 420 cm   65% von 560 hl   70% von 330 ha   85% von 140 m²

5 Berechne den Grundwert.
a) 8% ≙ 900 €   b) 16% ≙ 1864 kg   c) 15% ≙ 525 km   d) 138% ≙ 1656 cm
   48% ≙ 1872 t   57% ≙ 185,25 m   66% ≙ 313,5 m²   285% ≙ 1305,30 ha

6 Übertrage die Tabelle ins Heft und fülle sie aus.

	a)	b)	c)	d)	e)	f)	g)	h)
G	780 €	465 €			140 km	615 km	74,40 €	780 m
p%	12%	18%	26%	32%			135%	
P			114,4 kg	57,6 kg	16,8 km	135,3 km		924,3 m

7 Bei einer Beleuchtungskontrolle an 300 Fahrzeugen waren an 36 Fahrzeugen die Scheinwerfer falsch eingestellt. Wie viel Prozent sind das?

8 Bei einer Verkehrszählung werden in einer Stunde 1600 Fahrzeuge gezählt. Davon waren 80% Pkw, 15% Zweiräder und 5% Lkw. Berechne die Anzahlen. Addiere sie zur Kontrolle.

9 Der Hausmeister hat an einem Morgen verkauft: 105 Cola, 78 Kakao, 69 Limo, 48 Milch.
a) Berechne die Gesamtzahl der verkauften Getränke und die Anteile in Prozent.
b) Zeichne ein Streifendiagramm von 10 cm Länge.

10 Es kommen noch 16% Mehrwertsteuer hinzu. Berechne die Endpreise.
a) 27,50 €; 83,50 €; 135,50 €;   b) 345,50 €; 456,50 €; 632,50 €

11 Der Kunde darf 3% Skonto abziehen. Wie viel EUR hat er noch zu zahlen?
a) 1998 €; 2345 €; 2898 €; 3248 €   b) 4548 €; 4998 €; 5999 €; 9999 €

12 Die Modeboutique hat Jeans und T-Shirts für insgesamt 4685 Euro eingekauft, kann sie aber nur für 4169,65 Euro verkaufen. Gib den Verlust in Euro und in Prozent an.

Umfang und Flächeninhalt

1 Berechne die fehlenden Größen der Rechtecke. Achte auf die Maßeinheiten.

	a)	b)	c)	d)	e)	f)	g)	h)
Seite a	1,50 m	0,75 dm		9,5 cm	3200 m	9100 m	140 cm	
Seite b	2,8 m	62 cm	74 mm					3,2 km
Umfang u			28 cm	338 mm		58 km		
Flächeninhalt A					40 m²		1540 dm²	20,8 km²

2 Berechne den Umfang und den Flächeninhalt.

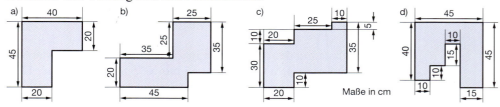

3 Berechne die Höhen der Parallelogramme.
a) a = 7,8 cm, A = 46,8 cm²   b) a = 9,45 dm, A = 6804 cm²   c) A = 63,27 m², a = 92,5 dm

4 Berechne die fehlenden Größen in den Trapezen. Gib die Ergebnisse in der größten Maßeinheit an.

	a)	b)	c)	d)	e)	f)	g)	h)
a	6,4 cm	12,8 dm	75 mm	8,7 m		139 mm		728 cm
c	3,5 cm	106 cm			78,6 cm		346 cm	
m			9,95 cm	115 dm	8,55 dm	192 mm		69,2 dm
h	4,2 cm				1,12 m	12,9 cm	13,8 dm	
A		9,594 dm²	96,515 cm²	15525 dm²			6,3066 m²	23,874 dm²

5 Ein U-Träger aus Stahl hat eine Länge von 8 m. Er wird zweimal mit einer Rostschutzfarbe gestrichen. Für einen Quadratmeter einfachen Anstrich werden 3,75 Euro berechnet.
a) Wie teuer ist der gesamte Anstrich, wenn zusätzlich noch 16% Mehrwertsteuer aufgeschlagen werden?

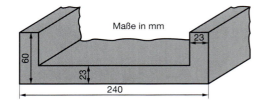

6 a) Berechne die Flächeninhalte der 4 einzelnen Felder?
b) Wie groß ist der gesamte Flächeninhalt?

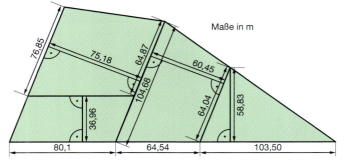

Rauminhalt und Oberfläche

1 Berechne die fehlenden Größen der Quader. Achte auf die Maßeinheiten.

	a)	b)	c)	d)	e)	f)	g)	h)
a	1,50 m	1,75 dm		95 mm	35 m		140 cm	
b	2,8 m	62 cm	74 mm		46 m	4,5 dm		680 mm
c	3,2 m		28 cm	3,3 dm		580 mm	24 cm	7,5 dm
V		3,472 dm^3	1346,8 cm^3	7712,1 cm^3	19 320 m^3	80 910 cm^3	789,6 dm^3	229,5 dm^3
O								

2 Wie schwer ist ein Balken aus Kiefernholz mit den Abmessungen 120 mm x 150 mm x 7500 mm? Ein dm^3 Kiefernholz wiegt 0,56 kg.

3 Ein Kantholz mit den Maßen 40 mm x 60 mm x 3500 mm kostet 6,40 Euro. Wie teuer ist ein Kantholz mit dem Querschnitt 55 mm x 75 mm bei gleicher Länge?

4 Für den Bau eines Schuppens benötigt Herr Bauer 55 m Kantholz (45 mm x 45 mm) und 68 m^2 Bretter der Stärke 24 mm.
a) Berechne das Holzvolumen.
b) Für einen m^3 Holz berechnet die Holzhandlung 287 Euro, zuzüglich 16% Mehrwertsteuer. Mit welcher Ausgabe für das Material muss Herr Bauer rechnen?

5 a) Berechne das Volumen und das Gewicht der Betonteile. Ein dm^3 wiegt 2,6 kg.
b) Berechne die Oberfläche in m^2.

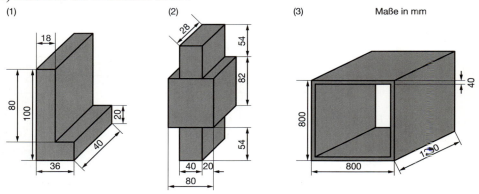

6 a) Für einen Hallenbau werden 24 U-Träger mit einer Länge von jeweils 7,58 m benötigt. Berechne das Gewicht der U-Träger. Ein dm^3 Eisen wiegt 7,8 kg.
b) Vor dem Einbau werden die U-Träger verzinkt. Für das Verzinken von 1 kg Eisen werden 1,65 Euro berechnet. Wie teuer ist das Verzinken, wenn zusätzlich noch 16% Mehrwertsteuer aufgeschlagen werden?

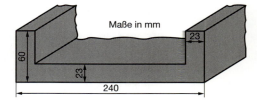

Ganze Zahlen

1 Schreibe die markierten Zahlen in dein Heft.

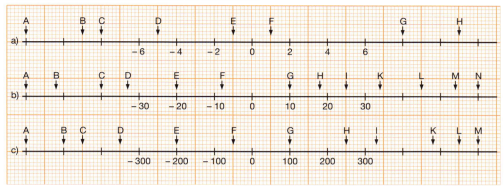

2 Setze die Zahlenreihe um 5 Glieder fort.
a) 14; 11; 8; 5, …
b) −75, −65, −60, −50, …
c) −36, −32, −28, −24, …
d) 29, 24, 19, 14, …
e) −3, 1, −8, −4, …
f) 10, 3, 5, −2, …

3 Übertrage in dein Heft. Gib jeweils den Betrag und die Gegenzahl an.

	a)	b)	c)	d)	e)	f)	g)	h)	i)	k)	l)	m)
Zahl	+55	+35	−15						+87			
Betrag				66	159	567					1	
Gegenzahl							−999	+826	−567			−125

4 Gib die neuen Kontostände an.
a) Frau Hammer hat ein Guthaben von 234 Euro. Sie bezahlt eine Rechnung über 375 Euro mit einem Scheck.
b) Herr Strunz hat einen Kontostand von −767 Euro. Er erhält eine Steuerrückerstattung von 628 Euro.
c) Herr Ammer hat einen Kontostand von −153 Euro. Er hebt 250 Euro ab, bezahlt eine Rechnung über 375 Euro mit einem Scheck und erhält eine Gutschrift von 950 Euro.

5 Michaela spielt mit ihrer Familie Rommee. Ermittle den Sieger des Abends.

	Vati	Mutti	Frank	ich
1. Spiel	−22	34	25	3
2. Spiel	51	12	−13	−45
3. Spiel	−6	−20	−10	24
4. Spiel	−15	−17	4	0
5. Spiel	10	0	−8	10
Gesamt				

6 a) Zeichne eine Temperaturskala und trage die Namen der Städte ein.
b) Wo war es am wärmsten, wo am kühlsten?
c) Welcher Temperaturunterschied besteht zwischen Amsterdam und Innsbruck (Athen und Moskau; London und München; Innsbruck und Moskau)?

Lufttemperatur; 12:00	Datum: 96-15-01
Amsterdam	0°
Athen	16°
Innsbruck	−11°
London	4°
Moskau	−23°
München	−8°

Terme und Gleichungen

1 Setze die Tabelle in deinem Heft bis 8 fort. Berechne den Wert des Rechenausdrucks.

x	x + 6	4 · x	1 · x + 12	4 + 3 · x	12 · x − 7	100 − 4 · x	150 − 6 · x
1							
2							

2 Vereinfache so weit wie möglich.
a) x + x + x + x
x + 2x + x + 3x
5x − 2x + 8x − 3x
11x − 2x − 3x − 4x

b) a + 5 + 2a + 7
7a + 12 − 5a − 8
17a + 35 − 9a − 40
9a − 5 − 12a + 25

c) 18y − y − 18 − 2y
5y − 5 − 15y + 10
12y + 3 − 18y + 4
88y − 8y − y + 88

d) 15z − 15 − z − 15 − 5z
3z + 54 − 2z − 14 − 9z
66 − 6z − 6z − 36 − 12
25 − 7z + 9z − 15 + z

3 Wie heißt die Lösung der Gleichung? Mache die Probe!
a) 6x + 2 = 14
5x + 3 = 28
4x + 5 = 29
7x + 9 = 93

b) 3x − 4 = 26
5x − 15 = 5
12x − 38 = 58
17x − 67 = 86

c) 754 − 12x = 610
862 − 25x = 562
943 − 36x = 151
128 − 45x = 38

d) 8x + 40 + 2x + 40 = 130
5x + 45 − 2x − 35 = 55
12x + 35 + 8x + 8 = 183
7x + 78 − 2x − 32 = 346

4 Stelle zu den Zahlenrätseln eine Gleichung auf und bestimme die Lösung.
a) Multipliziere eine Zahl mit 9 und addiere 28. Du erhältst 181.
b) Welche Zahl musst du zu 31 addieren, um 56 zu erhalten?
c) Addierst du zum Zehnfachen einer Zahl 75, so erhältst du 90.
d) Wenn du vom Siebenfachen einer Zahl 8 subtrahierst, so erhältst du 69.

5 Formuliere zu der Gleichung ein passendes Zahlenrätsel.
a) 4x + 7 = 11   b) 6x − 8 = 46   c) 12 + 3x = 33   d) 105 − 7x = 49

6 Berechne im Heft die fehlenden Angaben des Rechtecks.

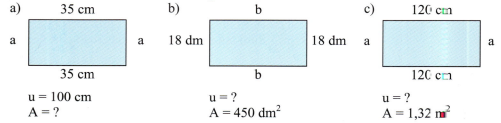

a) 35 cm, a, 35 cm, u = 100 cm, A = ?
b) b, 18 dm, b, u = ?, A = 450 dm²
c) 120 cm, a, 120 cm, u = ?, A = 1,32 m²

Tarife	
Grundgebühr	2,90 EUR
Wegstrecke pro km	1,20 EUR
Wartezeit pro Stunde	14,00 EUR

7 Der Fahrpreis für eine Taxifahrt wird mit dem Taxometer berechnet.
a) Erkläre die einzelnen Tarife.
b) Schreibe eine Gleichung, mit der man die Fahrpreise ohne (mit) Wartezeiten berechnen kann.
c) Herr Heinz hat für eine Fahrt 11,30 Euro bezahlt. Wie weit ist er gefahren?
d) Frau Kunze hat für die 12 km lange Fahrt vom Bahnhof nach Hause 20,80 Euro bezahlt. Wie lange musste der Taxifahrer wegen einer Zugverspätung am Bahnhof warten?

Lösungen

155

zu Seite 143

1. Nenner 36: 10; 12; 27; 28; 30; 33; 54
Nenner 48: 27; 30; 68; 80; 104; 180
Nenner 120: 42; 136; 147; 185; 570; 620

2. 4; 5; 5; 7; 7; 7; 8; 18; 30; 42; 60; 81

3. $\frac{1}{2}$; $\frac{5}{4}$; $\frac{1}{6}$; $\frac{1}{10}$; $\frac{1}{12}$; $\frac{1}{16}$; $\frac{5}{17}$; $\frac{3}{20}$; $\frac{7}{24}$; $\frac{3}{31}$; $\frac{13}{42}$; $\frac{7}{57}$; $\frac{12}{89}$; $\frac{29}{140}$; $\frac{1}{800}$; $\frac{1}{2500}$

4. 3; 4; 5; 20; 36; 37; 63; 69; 136; 180; 320; 450

5. $\frac{1}{6}$; $\frac{3}{10}$; $\frac{9}{10}$; $\frac{9}{14}$; $\frac{11}{15}$; $\frac{23}{30}$; $1\frac{5}{9}$; $1\frac{1}{15}$; $2\frac{1}{2}$; $5\frac{11}{16}$; $5\frac{25}{28}$; $6\frac{5}{36}$; $8\frac{1}{22}$; $9\frac{13}{20}$; $17\frac{5}{24}$; $18\frac{4}{9}$

6. $\frac{3}{5}$; $\frac{8}{5}$; $\frac{9}{14}$; $\frac{11}{14}$; $\frac{16}{77}$; $1\frac{1}{14}$; $1\frac{31}{44}$; $1\frac{46}{49}$; $1\frac{53}{100}$; $2\frac{1}{5}$; $2\frac{8}{9}$; $9\frac{9}{10}$; $11\frac{9}{10}$; $23\frac{1}{3}$; $62\frac{1}{2}$

7. 10; 16; 20; 25; 40; 50; 80; 100; 200

zu Seite 144

1. 0,25; 0,29; 0,56; 0,57; 0,575; 0,6; 0,65; 0,67; 0,73; 0,789; 0,82; 0,875; 0,917; 1,25; 1,71; 7,25; 12,27

2. –

3. 0,0006; 0,0007; 0,0021; 0,003; 0,003; 0,0064; 0,0124; 0,02; 0,021; 0,032; 0,045; 0,05; 0,0675; 0,08; 0,24; 0,49; 1,4; 1,5; 4,5; 4,8

4. 0,077; 0,16; 0,176; 0,345; 3; 3,8; 5; 12; 19,5; 27; 63; 103,5

5. 0,005; 0,008; 1,353; 1,461; 3,804; 25,023; 51,317; 53,404

6. 0,2; 0,3; 0,4; 0,5; 0,6; 0,9; 1,5; 2; 3; 7; 12; 21; 50; 90; 100

7. 0,46; 2,9; 2,98; 6,1; 6,4; 7,3; 15,575; 36,5

8. 0,78; 2; 2,67; 3,99; 11,04; 11,38; 12; 12,98; 14,22; 18,50; 49,87; 50; 175,79

zu Seite 145

1. km: 000,9; 3,724
m: 0,06; 0,92
dm: 0,4; 0,8; 0,9; 1,2; 8; 83; 37 240
cm: 4; 9; 12; 37; 92; 450; 830; 900
mm: 60; 80; 370; 800; 4500

2. km: 0,021; 1,26; 30,24; 211,68; 6562,08; 11 067,84;
s: 286; 2142; 71 426; 2 857 143

3. km: 1,41912; 2,3652
m: 1,296; 4,32; 103,68; 123,516; 233,28; 725,76
cm: 5,4; 7,2

4. 4,555 km; 19,87 m; 76,4 cm

5. t: 2,5
kg: 0,007; 0,25; 2; 7; 250; 7500
g: 0,5; 7,5; 750; 3500; 4020
mg: 500; 3000; 6000

6. 1,665 kg; 34,25 kg; 16 Paletten

7. t: 5,979; 77,727
kg: 16,38
g: 11,375; 682,5

zu Seite 146

8. g: 0,71456; 1,254; 3,465; 21,505; 36; 960

9. Tage: 1003,75
h: $\frac{1}{2}$; $\frac{3}{4}$; $\frac{1}{60}$; 72; 108; 744
min: 1; 120; 390; 4320; 44 640
s: 210; 1800; 2700; 7200

10. Uhrzeit: 21:55; 21:57; 22:47;
Fahrzeit: 4 h 48 min; 5 h 36 min; 6 h 48 min; 8 h 30 min
km: 408,8; 723,6; 765; 878,6
km/h: 57; 84; 85

11. 32 min 2 s; 62 min 28 s; 66,1 %

12. Jahre: $8\frac{1}{3}$; $16\frac{4}{11}$; $216\frac{2}{6}$; $227\frac{3}{11}$; 1516; $1592\frac{8}{11}$; $1596\frac{2}{6}$; 2575; $3958\frac{1}{3}$; 4938

156 Lösungen

zu Seite 147

1 km^2: 0,045; 0,34; 0,65; 87
ha: 4,5; 65; 175; 2300
a: 3400; 17 500; 230 000; 870 000
m^2: 0,05; 0,17; 1,75; 25
dm^2: 0,3725; 5; 8,7; 9; 15; 175; 227; 800
cm^2: 37,25; 75; 800; 870; 1700; 22 700; 8000; 250 000
mm^2: 7500; 80 000; 90 000; 150 000

2 km^2: 27,0325
ha: 2,2350; 9,6825; 8500045
a: 9,75; 968,25; 270325
m^2: 2,685; 3,8; 850,0045; 975; 22 350
dm^2: 3,3225; 29; 32,48; 276,25; 380
cm^2: 232,75; 2900; 26 850; 27 625
mm^2: 23 275; 33 225; 324 800

3 1189 x 841; 841 x 594; 594 x 420; 420 x 297; 297 x 210; 210 x 148; 148 x 105; 105 x 74
dm^2: 99,9949; 49,9554; 24,948; 12,474; 6,237; 3,108; 1,554; 0,777

4 3,1185; 6,237; 31,185; 2494,8

5 1041600

6 13; 472 000

7 14,5; 31,5; 40; 41,4; 67; 115

zu Seite 148

1 m^3: 0,001275; 0,008; 0,075; 0,375; 0,6; 8,5; 38,5; 750
hl: 4,55; 65; 85; 7500
l: 375; 455; 6500; 38500
dm^3: 0,0007; 0,0045; 0,085; 0,3; 75; 200; 600; 1500
cm^3: 4,5; 85; 400; 1275; 8000; 8000; 200 000; 1 500 000
mm^3: 700; 300 000; 400 000; 8 000 000

2 46,2 cm^3; 2,772 dm^3; 66,528 dm^3
ca.: 3 h 36 min 27 s; 12 h 37 min 35 s; 3 Tage 18 h 11 min 15 s; 15 Tage 45 min 1 s

3+4 199,8; 315; 54 600; 103 704; 406 000

5+6 0,44; 0,88; 5,88; 8,82; 11,76; 17,65; 3311,118; 19 866,708; 32 693,75; 80 570,538; 153 292 500; 6 898 162 500; 137 963 250 000

7 $2,11 \cdot 10^{10}$; $3,35 \cdot 10^9$

zu Seite 149

1 nein

2 2; 3; 6; 8; 9; 10; 72; 120; 150; 400; 480; 660; 1200; 1280

3 1,80; 4,20; 5,40; 7; 7,20; 8; 12; 20

4 €/kg: 1,4; 1,66; 1,85
€/l: 2,00; 2,25; 2,40; 2,50
EUR/Stück: 1,13; 1,25; 1,40

5+6 4; 5; 7; 9; 15; 16; 16; 24; 31

zu Seite 150

1 1; 2; 4; 5; 9,5; 10; 20; 20; 25; 40; 45; 50; 60; 70; 75; 80; 150; 209

2 $\frac{1}{2}$; $\frac{1}{4}$; $\frac{3}{4}$; $\frac{1}{5}$; $\frac{3}{5}$; $\frac{1}{10}$; $\frac{1}{20}$; $\frac{1}{25}$; $\frac{12}{25}$; $\frac{1}{50}$; $\frac{49}{50}$; $\frac{1}{100}$; $1\frac{17}{25}$; $2\frac{13}{25}$
0,01; 0,02; 0,04; 0,05; 0,1; 0,2; 0,25; 0,48; 0,5; 0,6; 0,75; 0,98; 1,68; 2,52

3 40; 48; 60; 60; 70

4 25; 30; 70; 119; 153; 231; 231; 364

5 72; 78,75; 105,5925; 206,91; 298,24; 898,56; 2285,28; 3720,105

6 12; 22; 83,7; 93,9; 100,44; 118,5; 180; 440

7–9 12; 16; 23; 26; 35; 80; 240; 300; 1280

10 31,90; 96,86; 157,18; 400,78; 529,54; 733,70

11 1938,06; 2274,65; 2811,06; 3150,56; 4411,56; 4848,06; 5819,03; 9699,03

12 11; 515,35

Lösungen

zu Seite 151
1. 4,2; 4,65; 6,5; 6,6; 7,4; 8,6; 12,5; 13,9; 19,4; 48,84; 70,3; 110; 181,09; 248; 6400,025; 19 900
2. 105; 170; 200; 200; 230; 1525; 1675; 1875
3. 6; 6,84; 72
4. 0,345; 0,82; 4,57; 4,95; 5,68; 9,24; 9,7; 11,7; 12,4; 20,79; 65,6; 95,76; 135; 143; 245; 247,68
5. 47,04
6. 2960,496; 3044,4525; 5099,562; 5327,2548; 16 431,7653

zu Seite 152
1. 0,32; 4,5; 6,5; 7,4; 12; 23,5; 24,6; 26,788; 31; 35,92; 230,7; 838; 874,6; 2718; 5164; 11606
2–4. 1,743375; 11; 75,6; 580,40
5. 0,0152; 0,03688; 0,0864; 0,22464; 0,30464; 0,792064; 7,5392; 145,92; 379,392
6. 10 247,85; 19 614,38

zu Seite 153
1. −600; −500; −450; −350; −200; −60; −52; −50; −40; −33; −20; −12; −9; −8; −8; −5; −1; 1; 8; 10; 11; 18; 25; 34; 45; 54; 60; 100; 250; 330; 480; 550; 600
2. a) 2; −1; −4; −7; −10; ...
   b) −45; −35; −30; −20; −15; ...
   c) −20; −16; −12; −8; −4; ...
   d) 9; 4; −1; −6; −11; ...
   e) −13; −9; −18; −14; −23; ...
   f) 0; −7; −5; −12; −10; ...
3. −826; −567; −159; −87; −66; −55; −35; −1; 1; +15, 15; 35; 55; +66; 87; +159; +125; 125; +567; 567; 567; 826; +999; 999
4. −141; −139; +172
5. −8; −2; +9; +17; Vati
6. Athen – Moskau; 11; 12; 12; 39

zu Seite 154
1. 4; 5; 7; 7; 8; 8; 9; 10; 10; 11; 12; 12; 13; 13; 13; 14; 14; 15; 16; 16; 16; 17; 17; 18; 19; 19; 20; 20; 22; 24; 25; 28; 28; 29; 32; 41; 53; 65; 68; 72; 76; 77; 80; 84; 88; 89; 92; 96; 102; 108; 114; 120; 126; 132; 138; 144
2. $2x$; $4x$; $7x$; $8x$
   $20 - 3a$; $2a + 4$; $3a + 12$; $8a - 5$
   $5 - 10y$; $7 - 6y$; $15y - 18$; $79y + 88$
   $18 - 12z$; $40 - 8z$; $3z + 10$; $9z - 30$
3. 2; 2; 4; 5; 5; 6; 7; 8; 9; 10; 12; 12; 12; 15; 22; 60
4. $9x + 28 = 181$; $x = 17$
   $31 + x = 56$; $x = 25$
   $10x + 75 = 90$; $x = 1,5$
   $7x - 8 = 69$; $x = 11$
5. 1; 7; 8; 9
6. 15; 25; 86; 110; 460; 525
7. $y = 2{,}90 + 1{,}2a + 14b$
   $y = 2{,}90 + 1{,}2a$
   7; 15

158 Lösungen

Übungszirkel Seite 8/9

Station 1
–

Station 2
10,74; 10,90; 12,30; 15,85; 49,79

Station 3
Es stimmen alle Ausdrucke aus dem Wiegeautomaten.

Station 4
1.

Zahl	Wort
505	SOS
8739	GELB
91730	OELIG
3704	HOLE
35137	LEISE
39139	GEIGE
315	SIE
1378	BLEI
38317	LIEBE
31717	LILIE

2.

Zahl	Wort
377304	HOELLE
3907018	BIOLOGIE
730	OEL
551839	GEBISS
739315	SIEGEL

Station 5
Der erste Schüler bekommt die Note 4.
Der zweite Schüler muss in der letzten Arbeit eine 2 schreiben, um eine 3 im Zeugnis zu bekommen.

Station 6
a) Anja hat recht. Sie muß 6,831 kg tragen.
b) –

Station 7
Dominik erhält 7,95 Euro zurück.

Übungszirkel Seite 14/15

Station 1
Bruchteile

Uhr $\frac{1}{4}$ h   Torte $\frac{3}{8}$ Kuchen

Toast $\frac{2}{9}$ Toast   Meter $\frac{7}{10}$ m

Glas $\frac{1}{2}$ l   Zylinder $\frac{3}{5}$

Station 2–6
–

Station 4
Zeichnen und Denken

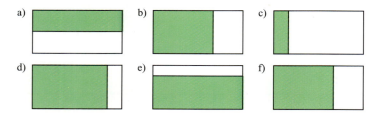

Übungszirkel Seite 30/31

Station 1–3
–

Station 4
Wanderweg
kürzester Weg: SADEFIHZ   = 42,425 km
längster Weg: SCBFHEDGZ = 102,464 km

Station 5–6
–

Lösungen

Übungszirkel
Seite 44/45

Station 1
Sterne und Kreuze

a)

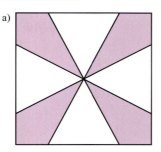

b)

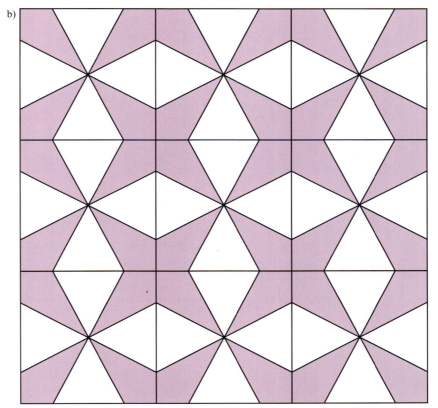

Station 2
Senkrechte und Parallele
a)

	Rechtswert	Hochwert
A	2	7
B	5	1
C	6	4
D	7	7
E	13	4
F	17	6
G	13	0
H	17	2
I	19	6

b) – f)

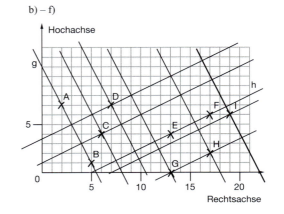

g) jeweils 5
h) jeweils 5 zu jeder Geraden

Station 3
Hast du dies immer dabei

1. Gegenstand	2. Gegenstand	3. Gegenstand
Zirkel	**Geodreieck**	**Bleistift**

Station 4
–

Station 5
Parkett
a) Aneinanderreihung symmetrischer Figuren zu einer Gesamtfläche
b) –
c) –

Station 6
Geometrisches Silbenrätsel
1. Gerade
2. Umfang
3. Trapez
4. Geodreieck
5. Ebene
6. Rechteck
7. Anfangspunkt
8. Tangramm
9. Elle
10. Nordpol

Übungszirkel Seite 64/65

Station 1
Winkelmessung

	α	β	χ	δ	Σ
a)	92°	52°	36°	–	180°
b)	47°	111,5°	111,5°	90°	360°
c)	34°	73°	73°	–	180°
d)	51°	129°	129°	51°	360°
e)	109°	109°	45°	97°	360°
f)	68°	112°	45°	135°	360°

Station 2
Geometrische Formen
a) Die Zeichnung besteht aus gleichseitigen Dreiecken.
b) Die vielen größeren gleichseitigen Dreiecke bestehen aus 4, 9 bzw. 16 kleineren Dreiecken.
c) Ein gleichseitiges Trapez besteht aus 3, 8, 12, 15, 16, 20, ... kleinen gleichseitigen Dreiecken.
d) Ja, ein Schiff ist aus 6 gleichseitigen Dreiecken herstellbar.
e) –

Station 3
a) Es entstehen abwechselnd (kleiner werdende) Rauten und Rechtecke.
b) Es entsteht zunächst ein Rechteck und dann immer abwechselnd eine Raute oder ein Rechteck.
c) –

Station 4
a) (1) Rechtecke   (2) Trapez   (3) Raute
b) –

Station 6
Nagelbrett
a) schiefwinkliges Dreieck
b) Ein Dreieck ist
rechtwinklig, wenn der Nagel in der gefrästen Führung senkrecht über einem der anderen Nägel steht, d. h. ein Winkel gleich 90° ist;
stumpfwinklig, wenn der Nagel in der gefrästen Führung ganz links bzw. ganz rechts in der Führung steht, d. h. ein Winkel im Dreieck größer 90° ist;
spitzwinklig, wenn sich der Nagel in der gefrästen Führung links vom rechten bzw. rechts vom linken unteren Nagel in der Führung befindet, d. h. alle Winkel im Dreieck kleiner 90° sind;
gleichschenklig, wenn sich der Nagel in der gefrästen Führung in der Mitte der beiden unteren Nägel befindet, d. h. zwei Winkel im Dreieck gleich groß sind;

Station 5
Man erhält bei
a) eine Raute
b) ein Parallelogramm
c) ein Rechteck

Übungszirkel Seite 116

Station 1
Streichholzschachteln kippen

a) 1. nach rechts – nach hinten – nach links – nach hinten – nach links – nach vorn
   Das Streichholz liegt um 180° gedreht auf der Streichholzoberseite.
2. nach vorn – nach rechts – nach vorn – nach rechts – nach hinten – nach rechts – nach hinten – nach links
   Die Streichholzschachtel steht hochkant und das Streichholz liegt auf der zugewandten Seite mit dem Kopf nach links unten.
3. nach hinten – nach hinten – nach rechts – nach rechts – nach vorn – nach vorn – nach rechts – nach hinten – nach rechts – nach vorn – nach vorn
   Das Streichholz liegt unter der Streichholzschachtel mit dem Kopf nach rechts unten zeigend.

b)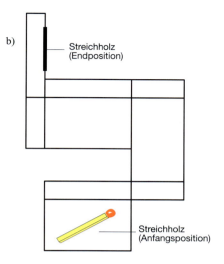

Station 2
Würfelzahlen

a)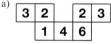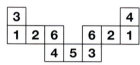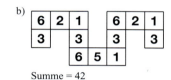

Summe = 21   Summe = 37   Summe = 42

c)

Station 3
–

Übungszirkel Seite 117

Station 1
Soma-Würfel

a) Die Körper 1, 2, 3, 4, 5, und 6 haben den gleichen Rauminhalt und bestehen aus 4 kleinen Würfeln. Der Körper besteht aus 3 kleinen Würfeln.
b) –
c)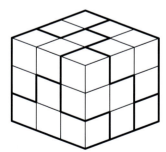

Station 2
a) 1. 12 kleine Würfel
   2. 11 kleine Würfel
   3. 7 kleine Würfel
b) –
c) –
d) –

Station 3
a) –
b) A – 6 fehlen jeweils
   B – 4 fehlen jeweils
   C – 20 fehlen jeweils
   D – 16 fehlen jeweils

   A – 15 fehlen jeweils
   B – 19 fehlen jeweils
   C – 11 fehlen jeweils
   D – 44 fehlen jeweils

1. Größen

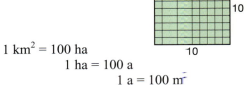

Längen *Umwandlungszahl 10*

$1\ m = 10\ dm$
$1\ dm = 10\ cm$
$1\ cm = 10\ mm$

Beachte:
$1\ km = 1000\ m$
$1\ m = 100\ cm$
$1\ m = 1000\ mm$

Flächeninhalte *Umwandlungszahl 100*

$1\ m^2 = 100\ dm^2$
$1\ dm^2 = 100\ cm^2$
$1\ cm^2 = 100\ mm^2$

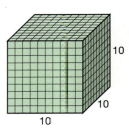

$1\ km^2 = 100\ ha$
$1\ ha = 100\ a$
$1\ a = 100\ m^2$

$1\ km^2 = 1\,000\,000\ m^2$
$1\ m^2 = 10\,000\ cm^2$

Rauminhalte *Umwandlungszahl 1000*

$1\ m^3 = 1000\ dm^3$
$1\ dm^3 = 1000\ cm^3$
$1\ cm^3 = 1000\ mm^3$

Beachte:
$1\ l = 1\ dm^3$
$1\ ml = 1\ cm^3$

$1\ l = 1000\ ml$

Gewichte *Umwandlungszahl 1000*

$1\ t = 1000\ kg$
$1\ kg = 1000\ g$
$1\ g = 1000\ mg$

Geldwerte *Umwandlungszahl 100*
$1\ Euro = 100\ Cent$

Zeit

$1\ h = 60\ min$
$1\ min = 60\ s$

Beachte:
1 Jahr = 12 Monate
1 Jahr = 365 Tage
1 Tag = 24 Stunden

Das solltest du wissen

2. Zahlen und Variable

Rechnen mit Brüchen

Bruchteile bilden, z. B. $\frac{5}{8}$ — Bilde 8 gleiche Teile. Nimm 5 Teile.

Erweitern — Multipliziere Zähler und Nenner mit der gleichen Zahl. $\frac{5}{8} = \frac{5 \cdot 3}{8 \cdot 3} = \frac{15}{24}$

Kürzen — Dividiere Zähler und Nenner durch die gleiche Zahl. $\frac{15}{24} = \frac{15 : 3}{24 : 3} = \frac{5}{8}$

Beim Erweitern und Kürzen bleibt der Wert des Bruches gleich.

Addieren von Brüchen

Bilde zuerst den Hauptnenner.

$\frac{2}{5} + \frac{4}{6}$ Hauptnenner = 30

$= \frac{12}{30} + \frac{20}{30}$

$= \frac{32}{30} = \frac{16}{15} = 1\frac{1}{15}$

Subtrahieren von Brüchen

Bilde zuerst den Hauptnenner.

$\frac{16}{15} - \frac{2}{5}$ Hauptnenner = 15

$= \frac{16}{15} - \frac{6}{15}$

$= \frac{10}{15} = \frac{2}{3}$

Multiplizieren von Brüchen

Zähler mal Zähler, Nenner mal Nenner.

Kürze auf dem Bruchstrich.
Gib das Ergebnis als gemischte Zahl an.

$\frac{15}{4} \cdot \frac{6}{10} = \frac{15 \cdot 6}{4 \cdot 10} = \frac{9}{4} = 2\frac{1}{4}$

Dividieren von Brüchen

Multipliziere den ersten Bruch mit dem Kehrwert des zweiten Bruches.

Kürze auf dem Bruchstrich.
Schreibe das Ergebnis als gemischte Zahl.

$\frac{9}{4} : \frac{6}{10} = \frac{9}{4} \cdot \frac{10}{6} = \frac{15}{4} = 3\frac{3}{4}$

Brüche und Dezimalbrüche

$\frac{3}{4} = 3 : 4 = 0{,}75$ $\frac{11}{6} = 11 : 6 = 1{,}8\overline{3} \approx 1{,}83$ $0{,}45 = \frac{45}{100} = 0{,}45$

Zahlengerade

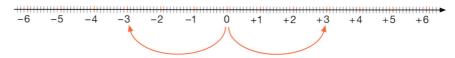

Die ganzen Zahlen −3 und +3 haben vom Nullpunkt der Zahlengeraden den gleichen Abstand. Sie haben den **gleichen Betrag 3,** aber **verschiedene Vorzeichen.** Solche Zahlen heißen **entgegengesetzte Zahlen** oder Gegenzahlen.

3. Zuordnungen

Proportionale Zuordnung

Beispiel:
3 kg Äpfel kosten 3,60 Euro.
Wie viel kosten 5 kg Äpfel?

Dreisatz

$:3 \Big(\begin{array}{l} \text{3 kg Äpfel kosten 3,60 Euro} \\ \text{1 kg Äpfel kostet 1,20 Euro} \\ \text{5 kg Äpfel kosten 11,00 Euro} \end{array} \Big) :3$
$\cdot 5$ ... $\cdot 5$

Umgekehrt proportionale Zuordnung

Beispiel:
3 Maschinen brauchen 8 Stunden.
Wie viel Stunden brauchen 4 Maschinen?

Dreisatz

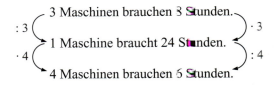

4. Prozentrechnen

Grundwert G	Prozentwert P	Prozentsatz $p\% = \frac{p}{100}$	$1\% = \frac{1}{100}$

Prozentwert berechnen

$P = G \cdot p\%$

oder

$P = G \cdot \frac{p}{100}$

Grundwert berechnen

$G = P : p\%$

oder

$G = \frac{P \cdot 100}{p}$

Prozentsatz berechnen

$p\% = \frac{P}{G}$

oder

$\frac{p}{100} = \frac{P}{G}$

Promillerechnen $1‰ = \frac{1}{1000}$ $1‰ = 0{,}1\%$

5. Ebene Figuren

Quadrat

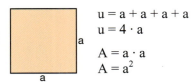

$u = a + a + a + a$
$u = 4 \cdot a$
$A = a \cdot a$
$A = a^2$

Rechteck

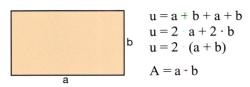

$u = a + b + a + b$
$u = 2 \cdot a + 2 \cdot b$
$u = 2 \cdot (a + b)$
$A = a \cdot b$

Dreieck

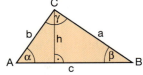

Die Seite c heißt auch Grundlinie g.

$u = a + b + c$

gleichschenkliges Dreieck

$A = \frac{g \cdot h}{2}$

rechtwinkliges Dreieck

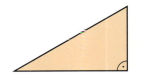

Winkelsumme: $\alpha + \beta + \gamma = 180°$

Das solltest du wissen

Parallelogramm	**Trapez**	**allgemeines Viereck**
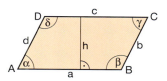	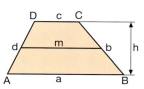	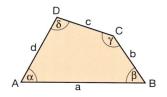
a ∥ c und b ∥ d α = γ und β = δ A = a · h	a ∥ c Mittellinie $m = \frac{a+c}{2}$ A = m · h	Winkelsumme: α + β + γ + δ = 360°

6. Körper

Würfel

 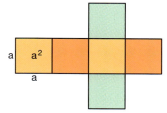

$O = 6 \cdot a^2$
$V = a \cdot a \cdot a \qquad V = a^3$

Quader

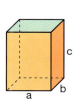 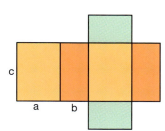

$O = 2 \cdot a \cdot b + 2 \cdot a \cdot c + 2 \cdot b \cdot c$
$O = 2 \cdot (a \cdot b + a \cdot c + b \cdot c)$
$V = a \cdot b \cdot c$

Register

absoluter Vergleich 90

Betrag 113
Brüche 14, 143
– addieren 21
– dividieren 25
– erweitern 19
– kürzen 19
– multiplizieren 23
– subtrahieren 21
– teilen 22
– vergleichen 20
– vervielfältigen 22
Bruchteile
– berechnen 17
– herstellen 16
Bruchterme 28

Dezimalbrüche 30, 144
– addieren 35
– dividieren 39
– erweitern 34
– kürzen 34
– multiplizieren 37
– runden 42
– subtrahieren 35
Drachenbau 63
Dreiecke
– gleichschenklig 57
– gleichseitig 58
– rechtwinklig 55
– spitzwinklig 55
– stumpfwinklig 55
Dreisatz 72

Eingabefehler 11

Flächeneinheiten 80
Flächeninhalt 77
– Dreieck 85
– Parallelogramm 83
– Quadrat 81
– Rechteck 81
– Trapez 87
Flächenvergleich 78

ganze Zahlen 107, 113, 153
Gegenzahl 113
Gleichungen 125, 154
– durch Umformen lösen 130
– mit der Umkehraufgabe lösen 129
Größen 145
Grundwert berechnen 98

Hohlmaße 119

Kontoänderungen 111
Kreisdiagramm 104
Kreise 46

Mittelsenkrechte 48
Muster 44

Nebenwinkel 54
negative Zahlen 108

Oberfläche
– Quader 123, 152
– Würfel 123, 152

Parallele 50
positive Zahlen 108
Prozent 18
Prozentbegriff 92
Prozentrechnung 89, 150
Prozentsatz berechnen 100
Prozentwert berechnen 96

Rabatt 105
Raumanschauung 116
Raumeinheiten 118
Rauminhalt
– Quader 120, 152
– Würfel, 120, 152
Rechteckdiagramm 103
relativer Vergleich 90

Sachaufgaben lösen 137
Scheitelwinkel 54
Skonto 105
Soma-Würfel 117
Strecke halbieren 47
Stufenwinkel 54